MELANGES GEOGRAPHIQUES

CAHIERS DE GEOGRAPHIE

DE BESANCON

N° 27

MELANGES GEOGRAPHIQUES

par

Antoine BAILLY - Thierry BROSSARD
Jean-Marc HOLZ - Pierre MARCHAND
Jean-Marie MASSON - Jean-Pierre NARDY
Jean PRAICHEUX - Jean-Claude WIEBER

ANNALES LITTERAIRES DE L'UNIVERSITE DE BESANCON,219
LES BELLES LETTRES -95, BOULEVARD RASPAIL,PARIS VIe

SOMMAIRE

RESUMES
(Abstracts - Zusammenfassungen)

Jean-Marc HÖLZ

Résumé : Voyage dans l'espace.
Cet article tente de préciser la nature de l'espace qu'étudient les géographes. L'espace est multiforme, et défini comme un champ d'interactions permanentes, à la fois physiques, psychologiques et sociales. Il est «produit» par un sujet, d'où l'impossibilité d'étudier un espace concret, la nécessaire dimension politique et le caractère discontinu de celui-ci.

Abstract : About geographical space.
This paper attempts to precise the nature of geographical space. Space is defined as a net permanent interactions, on physical, psychological and social level. It is «produced» by a subject; hence the impossible study of «concrete» space, the necessary political dimension of space, and its discontinuous character.

Zusammenfassung : Uber geographischen Raum.
Dieser Artikel versucht die Beschaffenheit des Raums genau zu bestimmen, an welchem die Erdbeschreiber studieren. Der Raum ist vielgestaltig, und bestimmt wie ein Feld von zugleich physischen, psychologischen und sozialen fortdauernden Zwischeneinflüsse. Er wird von einem Subjekt produziert, und so ist es unmöglich einen «Konkreten» Raum zu studieren; so auch seine unbedingte politische Dimension und seine unterbrochene Form.

Jean-Pierre NARDY

Résumé : Systèmes de forces et systèmes de formes chez W.M. DAVIS.
La géomorphologie davisienne s'est organisée très tôt autour de la notion de cycle d'érosion, illustrée par deux modèles d'évolution, symétriquement inverses mais complémentaires : les cycles normal et aride. Les cycles de type littoral et surtout glaciaire préfigurent un modèle général de synthèse qui sera proposé en 1930, et dans lequel Davis démontre l'homologie fondamentale des divers systèmes de formes et d'érosion en équilibre dynamique. (le cycle karstique n'est pas étudié ici).

Abstract : W.M. Davis : Energy and forms systems.
The early davisian geomorphology was focused on the scheme of cyclic

erosion exemplified by two symmetrically opposite, but complementary models : the geographical cycles in normal and arid climates. The coastal and chiefly the glacial cycles announce Davis' general and synthetic model of 1930 in which the strict homology of the forms or erosion systems in dynamic equilibrium is demonstrated. (Karst erosion is not considered here).

Zusammenfassung : W.M. Davis : Energie- und Landformensysteme.
Zwei symmetrisch umgekehrte aber ergänzende Modelle (Normal- und Trockenabtragun gablaufe) haben bald den Abtragungszyklusbegriff ausgezeichnet, den die Geomorphologie von Davis kennzeichnet. Dermariner, und besonders der glazialer Zyklus deuten ein allgemeines und synthetisches Modell an, das im 1930 vorgeschlagen wird, und in welchem Davis die Grundentsprechung der verschiedenen Formen- und Abtragungssysteme im beweglichen Gleichgewicht erklärt. (karstzyklus ist nicht hier beachtet).

Antoine S. BAILLY et Pierre MARCHAND

Résumé : Techniques de mesure de la perception de l'environnement urbain. Suite à la prise de conscience du rôle de l'environnement sur le comportement humain, de nombreux chercheurs de disciplines variées (psychologie - sociologie-architecture - géographie) s'attachent à découvrir les interactions entre l'homme et son milieu de vie. Les techniques de mesure sont multiples (description - enquête - photo - symboles) et font quelquefois appel à l'analyse quantitative (scalogramme - analyse multivariée).

Abstract : Urban environmental perception : evaluation techniques.
Since the beginning of the fifties researchers from different fields (psychology-sociology - architecture and geography) have tried to develop techniques to measure the influence of physical and human environment on man. - Descriptions, direct inquireries, pictures, symbols can be used and quantitative analysis (scalogramm - multivaried analysis) is often required to understand the components of the «image».

Zusammenfassung : Masstechnik der Städtischen Umweltwahrnehmung.
Seit Bewusstsein der Umweltrolle über menschlichen Behaltung, versuchen mehrere Psycholog, Baukünstler, Geographen, die Zwischeneinflüsse zwischen Mensch und ihrer Lebensumwelt zu entdecken. Masstechnik ist vielfach (Beschreibung, Untersuchung, Photo, Symbol) und benutzt manchmal Quantitativ Analyse (Skalogramm, «Multivariate analysis»).

Thierry BROSSARD et Jean-Claude WIEBER

Résumé : Structures des paysages et géographie zonale.
Une série d'échantillons de paysages, pris en France et au Spitsberg, a été traitée par analyse factorielle des correspondances. Dans tous les cas, on retrouve les mêmes éléments structurants : importance du bâti géomorphologique,couverture variable par le milieu vivant, dominé par le rôle de l'homme. Ces analyses permettent de proposer un «modèle» de structuration des paysages de portée générale. A travers lui, les différences zonales peuvent être perçues. Les anomalies que l'on constate parfois sont liées à des phénomènes particuliers, extra-zonaux : influence des courants marins chauds, énergie du relief.

Abstract : Landscape's structures and zonal geography.
A series of sample landscapes taken in France and Spitsberg were treated by «correspondances» factorial analysis. in every cases the same structuring éléments were found : the importance of the geomorphological frame, the variable biogeographical cover and the eventual domination by man's action. These analyses enabled us to put forward a structuration model of landscapes wich has a more general application. With this model, the zonal differences can be seen. The anomalies that are sometimes found are linked to particular extrazonal phénomena : influence of warm sea-currents and relief energy.

Zusammenfassung : Landschaftsstrukturen und Zonengeographie.
Ein Sortiment von verschiedenen Landschaften aus Frankreich und aus den Spitzbergen ist durch eine Faktorenanalyse untersucht worden. In allen Fällen lassen sich dieselben Strukturelemente feststellen : Wichtigkeit des geomorphologischen Gefüges, unterschiedliche Deckung durch das lebendige Milieu, wobei der Einfluss des Menschen sich als vorherrschend erweist. Aus jenen Analysen ergibt sich die Möglichkeit ein allgemeingültiges Modell für die Strukturierung der Landschaft herauszuarbeiten. Durch diese Modell kann man die zonenbedingten Unterschie de.wahrnehmen. Die Abweichungen, die sich feststellen lassen, hängen mit Sondererscheinungen, die auBerhalb der Zonen liegen, zusammen : Einfluss der warmen Meeresströmungen, Bodenreliefenergie.

Jean-Marc HOLZ

Résumé : Deux sociétés d'aménagement régional dans la Ruhr.
Cet article étudie la genèse, la structure juridique de l'activité de deux sociétés d'aménagement, dans l'oeuvre de rénovation économique de la Ruhr. La WFG. Unna est chargée de contacter et conseiller les entreprises susceptibles d'améliorer la structure du LandKreis Unna (Ruhr orientale) et de créer des structures d'accueil adéquates.

A.D.S. est une société chargée de gérer le capital foncier des mines cessant leur activité : en cédant les terrains à des entreprises requérant certaines conditions.

Zusammenfassung : Zwei Raumordnungsgesellschaften im Ruhrgebeites. Dieser Artikel analysiert die gerichtlichen Struktur und Tätigkeit von zwei Raumordnungsgesellschaften im Strukturwandel des Ruhrgebietes. Die WfG. Unna versucht Unternehmen zu raten und anzuziehen, die zur Wirtschaftsstrukturverbesserung des LandKreises Unna (östilches Ruhrgebeit) beitragen, und damit neue Arbeitsplätze zu schaffen. A.D.S. muss die von der stillgelegten Zechen erfugbaren Gelände zu Unternehmen veräussern, die die Wirtschaftsstruktur des Reviers verbessern können.

Abstract : Two régional planning companies in the Ruhr.
This paper attempts to analyse the development, the juridical structure and the activity of two regional planning companies in the industrial conversion of the Ruhr (Germany). The WfG. Unna has to attract and advise firms which can improve the economic structure of the Landkreis Unna. A.D.S. must sell the lands of closed coal mines in the region to concerns which have the same aim.

Jean-Marie MASSON

Résumé : Cycle diurne des précipitations sur la côte languedocienne
(Analyse de 52 années d'observations à Montpellier Bel-Air).
La station agronomique de Montpellier Bel-Air possède les enregistrements pluviographiques depuis 1920. Sur la base de cette longue série numérisée (52 années) l'auteur étudie la fréquence diurne des précipitations, statistiquement mesurée au moyen du x^2. On constate que les heures les moins fréquemment pluvieuses se situent entre 12 et 16 heures quelle que soit la saison et que les heures les plus fréquemment pluvieuses se situent le matin, au lever du soleil (plus tôt l'été que l'hiver). Les pluies intenses sont les plus fréquentes en septembre, elles sont rares en février ; mais il n'est pas statistiquement possible de situer les fortes pluies à un moment précis de la journée.
(résumé établi par A.M. ODOUZE)

Abstract : Diurnal rainfalls on the languedocian coast
(Analysis of 52 Years of observations at Montpellier Bel-Air).
Montpellier Bel-Air agronomic station has been keeping since 1920 datas about rain-fall. On the basis of this large series (52 years) the author studies the daily frequency of the rainfalls by the x^2 statistical method. During the four seasons, the afternoons (12 to 4 p.m.) get few rainy hours; on the contrary the early mornings receive most rainfalls. Heavy rains are common in September and exceptionnal in February; but it is not statistically possible

to give a precise time for the heavy rainfalls during the day.

Zusammenfassung : Tageszyklus der Niederschläge an der Languedoc-Küste (Analyse von 52 Jahren Beobachtung in Montpellier-Bel Air).
In der Agrarforschungsstelle in Montpellier-Bel Air sind Niederschlagsmessungen seit 1920 vorgenommen xorden. Anhand jener langen numerierten Reihe (52 Jahre) untersucht der Autor die Häufigkeit der Tagesniederschläge, welche mit dem x^2 statistisch gemessen wird. Man stellt fest, dass die niederschlagsärmsten Tagesstunden zwischen 12 und 16 Uhr, unabhängig von der Jahreszeit und die niederschlagsreichsten am Vormittag, bei Sonnenaufgang (und zwar im Sommer früher als im Winter) liegen. Dichte Regenfälle treten im September am häufigsten, im Februar selten auf. Die Festlegung der starken Niederschläge auf einen bestimmten Zeitpunkt am Tag lässt sich nicht ermitteln.

Jean PRAICHEUX

Résumé : Tourisme, loisirs et culture : la fréquentation de l'abbaye de Baume-les-Messieurs.
Le petit village de Baume-les-Messieurs offre un caractère remarquable, tant par l'originalité d'un site célèbre que par la qualité architecturale de son abbaye. Un projet de création de Centre Culturel a été avancé. L'étude ci-dessous essaie de montrer dans quelles conditions, pour quelle clientèle, et à travers quelles activités ce Centre peut s'insérer et répondre aux besoins culturels des Jurassiens.

Abstract : Tourism, leisures and culture : the abbey of Baume-les-Messieurs.
The small village of Baume-les-Messieurs is remarquable as well because of the originality of its famous landscape as by the architectural quality of the abbey. A plan for a cultural Center has been established. The following study tries to shoe in which conditions this Center can be inserted in the region and which activities it must propose to answer the cultural needs of people from the Jura.

Zusammenfassung : Tourism, Freizeit und Kultur : die Abtei von Baume-les-Messieurs.
Baume les Messieurs, eine kleine, merkwürdige Ortschaft durch ihre einmalige Lage und die architektonische Qualität ihrer romanischen Abtei berühmt. Die Errichtung eines Kulturzentrums ist geplant. Die beiliegende Studie zeigt, unter welchen Bedingungen, für welche Kundschaft und durch welche Tätigkeiten dieses Zentrum den kulturellen Bedürfnissen der Einheimischen entsprechen könnte.

Jean PRAICHEUX

Résumé : Notes sur le tourisme allemand en Franche-Comté et Alsace.
La Franche-Comté se situe sur l'un des grands axes européens de migrations touristiques estivales. Parcouru par de nombreux vacanciers, les itinéraires ne déterminent cependant qu'une médiocre fréquentation étrangère. La construction de l'autoroute A 36 risque d'aggraver cette situation en accélérant les passages et en rendant plus difficile la captation d'une partie de ce flux au profit du tourisme régional.
L'autoroute par ailleurs, va mettre l'Allemagne du Sud-Ouest à proximité de la Franche-Comté et rendre possible pour les Allemands les week-ends de loisirs dans cette région.
Le souci de mieux connaître cette clientèle potentielle nous a conduit à réaliser 3 enquêtes :
- la première réalisée à Fribourg a pour but de dégager l'image que les touristes allemands se font de la France, et, par référence, de la Franche-Comté.
- la seconde enquête, faite en Alsace, s'est attachée à mettre en évidence les types de paysages, de loisirs, d'équipements que les Allemands souhaitaient trouver dans une région française lors de leurs déplacements de week-end ou de courte durée.
- la dernière enquête a été menée à Besançon auprès des touristes allemands partant pour leurs vacances d'été ou en revenant. Son but est de mettre en évidence les caractéristiques de leur déplacement et de discerner la possibilité de détourner une partie du groupe de son itinéraire traditionnel pour lui faire découvrir, même brièvement, l'espace touristique comtois.

Abstract : Notes an German tourists in Franche-Comté and Alsace
The Franche-Comte is on one of the big European axis of touristic and summer migrations. Ist itineraries are used by many peoples on holidays, but yet there aren't many foreigners. The construction of the motorway A 36 will perhaps aggravate this situation, increasing the number of cars on this highway, and preventing people from visiting the region.
Besides, the motorway will be a link between South west Germany and Franche-Comté, and it will enable the German, to come to this region for the week-end.
We wanted to know there potential customers; it's why we've done 3 inquiries.
- the first one, realised in Fribourg, must show the idea that German tourists have about France, and, by reference, about Franche-Comté;
- The second one, done in Alsace, has tried to point out the types of landscapes, leisures, equipments that the Germans would like to find in a Franch region during a short travel as for the week-end;
- the last inquiring was done in Besançon, thanks to German tourists going

or coming from the summer holidays. Its aim is to point out the characteritics of their travell and to discern the possibility of turning away one part ot the group from its traditional itinerary, to make them discover the tourist Comtois region, even very quickly.

Zusammenfassung : Deutsche Touristenin Franche-Comté und Elsass.
Die Franche-Comté (auch Freigrafschaft oder Hochburgund genannt) entdecken viele europäische Touristen auf der sommerlichen Reise in den Süden. Selten sind aber diejenigen, die in der Gegend einige Tage verweilen. Die Autobahn A 36, die sich noch im Bau befindet, könnte leider zu einer weiteren Verschlimmerung der heutigen Lage führen : viel schneller wird die Durchreise sein, daher wird es auch viel schwieriger sein, einen Teil dieser Touristenflut zugunsten des örtlichen Fremdenverkerhrs aufzufangen. Die Autobahn hingegen wird die Entfernungen zwischen Südwestdeutschland und der Freigrafschaft wesentlich verkürzen, und das Wochenende der Deutschen in der Gegend ermöglichen. Um diese potentielle Kundschaft besser zu erfassen, haben wir drei Umfragen unternommen :

- die erste, in Freiburg geführte Umfrage zielt darauf ab, herauszufinden, welche Vorstellungen die deutschen Touristen von Frankreich und daher von der Freigrafschaft haben
- im Elsass wurde eine zweite Umfrage durchgeführt : sie sollte die verschiedenen Landschaften, Freizeitsorten und Anlagen aufzählen, welche die deutschen Touristen in einer französischen Gegend am Wochenende oder bei Kurzurlaub vorfinden möchten
- bei der dritten Umfrage wurden in Besançon die deutschen Touristen auf der Durchreise in den Süden oder auf der Rückfahrt aus dem Urlaub befragt. Diese sollte zeigen, was typisch für diese Art zu reisen ist, und wie man einen Teil dieser Touristenflut auf die malerischen Nebenstrassen der Gegend umleiten könnte.

PREMIERE
PARTIE

RECHERCHES
THEORIQUES

VOYAGE DANS L'ÉSPACE...

J.M. HOLZ - Université de Besançon

Toutes les analyses géographiques sont dominées par des considérations relatives à l'espace. Or la notion d'espace n'est pas une notion simple ; depuis 25 siècles, philosophes et mathématiciens l'ont étudiée, et la discussion n'est pas close... Pourtant le terme appartient au vocabulaire géographique, s'intègre à de nombreuses définitions de cette science, règne, incontesté et omnipotent, dans sa littérature. On (1) s'est interrogé assez tard sur ce paradoxe : comment est-on passé des espaces des mathématiques et de la logique, à la nature puis à la pratique de la vie sociale qui se déroule précisément dans l'espace ? (2). Troublante aussi est la variété des épithètes dont on affuble ce substantif innocent dans la littérature géographique ; si l'on se limite à la définition classique et restreinte de l'espace géographique, «concret» et «banal» combien de géographes perdent-ils aujourd'hui de vue l'objet de leur discipline ?

Il n'entre pas dans notre intention de faire le point d'un débat si sérieux. Nous nous proposons plus simplement de convier le lecteur à une promenade «à sauts et à gambades» autour de la notion d'espace, et à mettre en lumière - s'il en était besoin - l'ambiguïté et la complexité de la notion, puisque les dangers de son utilisation abusive viennent d'être à juste titre dénoncés (3). Nous tenterons de préciser la nature (donc la définition), avant d'examiner quelques propriétés originales de l'espace ainsi conçu.

LA NATURE MIXTE DE L'ESPACE

L'espace géographique est habituellement défini comme ... espace banal et concret (4) ; passons sur le fait que l'on a plutôt décrit l'épithète «géographique» que le mot espace lui-même ; en tant que tel, il peut faire l'objet de mesures (altitudes, surfaces) ; il *est* objet (ob-jectum). Est-il une réalité objective, ou simplement une relation conçue par l'esprit humain entre les choses ? Du problème de la réalité ou de l'idéalité de l'espace (et du temps), les philosophes, avons-nous dit, ont longtemps débattu. Si l'on peut accorder à l'espace une réalité extérieure à notre conscience (une usine est une usine) - c'est l'objet donné, la «choséité» de Kant -, on ne peut s'empêcher d'appliquer notre conscience à cet objet : «toute perception est perception de quelque chose» (Husserl); le sujet n'est donc pas fondamentalement passif, et l'objet bien qu'il soit donné est aussi *construit* («idéalité») ; il est *donné* puisque le sujet ne créé pas ce qu'il connaît, et *pensé,* puisqu'autrement il ne serait pas connu ; il y a une part de construction dans tout acte mental ; on ne peut séparer l'objet, et la pensée de / sur cet objet. Qu'en est-il alors de l'espace «concret» du géographe ? Reflet d'un état de nos connaissances, il est en fait largement empreint de subjectivité ; comme tout objet, il n'est qu'en tant qu'il est lui-même à l'origine d'un processus de réflexion ou d'analyse ; il est donc autant abstrait que concret. L'espace que nous étudions est largement fonction de nous-mêmes ; il serait aisé de l'illustrer. Autrement dit, qu'il soit «banal» ou «économique», «vécu» ou «produit», «financier» ou «rural», l'espace géographique a toujours été avant tout l'espace de l'adulte occidental cultivé.

C'est à cet étroit niveau de perception en effet qu'il a toujours été analysé et décrit : l'âge, le sexe, le niveau de culture, le type de société effectuaient un fantastique filtrage des multiples signaux qu'émet ou contient l'espace. L'espace de l'enfant a été longtemps ignoré, le quartier se limite, pour lui, à quelques rues et aires de jeux des géographes ; l'espace quotidien de l'indigène est bien différent de celui du biogéographe herborisant dans la silva : la littérature actuelle multiplie les exemples. Plutôt que de chercher à préciser la notion ambigüe d'espace géographique, ne serait-il pas plus sage de parler d'un espace des géographes (ou d'un géographe), ou mieux d'espace tout court ? Cet abandon de souveraineté géographique serait libérateur.

La redécouverte de la nature mixte de l'espace se manifeste, nous semble-t-il, dans ce qu'il est convenu d'appeler la «révolution qualitative» en géographie (la France est décidément importatrice de révolutions américaines...) ; ainsi les études de «lisibilité» urbaine, qui se multiplient ; passons sur ce néologisme ingrat : pourquoi ne pas parler d'intelligibilité de l'espace ? - en somme on en revient à l'espace vécu, hétérogène, aux formes primitives et subjectives de la représentation de l'espace, presque à une géographie des sensations. Dans cette perspective, l'Umwelt rejaillit, qui se définit en termes de valeur vitale ou d'intérêt ; comme l'on montré von Uexküll et Bergson (5) notre contact avec l'Univers est partiel ; et toutes les images qui le constituent n'ont pas pour nous la même signification, le même intérêt. Candides, les géographes redécouvrent et exploitent cette notion qui, quoique suspecte de «morphologisme», n'en est pas moins féconde et novatrice. Dans les études géographiques, le niveau d'observation a donc changé : l'espace est étudié non plus seulement de l'extérieur, (de l'émetteur) mais également au niveau le plus élémentaire, celui de l'action, celui de l'acteur (du récepteur) ; à chacun d'eux correspond un espace propre : *on s'achemine vers une notion multiforme de l'espace qui interdit de la considérer comme une donnée objective et commune à tous.*

Quelques exemples : le beau livre de S. Rimbert (6) nous fait découvrir la ville successivement perçue par les poètes, les architectes ou les touristes. R.F. Derrieux-Cecconi étudie l'espace d'une firme industrielle, Creusot-Loire (7) : il distingue trois niveaux dans l'analyse : l'espace financier de l'entreprise (zone de mobilisation du capital), l'espace de production (usines), l'espace commercial enfin (aire de marché de la société). Dans de brillants articles, M.J. Bertrand précise la notion de quartier : une approche «du dedans lui permet de le définir comme le «prolongement vital du domicile», comme un espace vécu. Taillé dans la même matière, la forme urbaine, il sera pourtant différemment connu, approprié, vécu par les citadins ; certains éléments sont chargés d'une signification particulière pour l'«usager», qui échappe au regard «froid» de l'observateur. Bergson opposait au temps abstrait que mesurent les horloges la durée concrète et vécue, qui relève de l'expérience personnelle : nature mixte du temps et de l'espace. Une autre approche microsociologique opposerait par exemple, les espaces masculins et les espaces féminins dans diverses sociétés. L.A. Roubin (8) a montré comment l'espace masculin de l'ancienne société provençale s'articulait autour de quelques pôles attractifs, publics (la place du village) et privés (les caves, les champs) ; l'espace domestique de la femme a pour point central la maison et le jardin ; dans l'église, c'est la nef et les chapelles ou autels latéraux qui lui sont dévolus. Ségrégation des sexes, ségrégation des espaces, mainte fois évoquée par les ethnologues et sociologues, plus rarement par les géographes (9).

Teinté ainsi de subjectivité, l'espace acquiert une nouvelle dimension, «cachée» que sémiologues et géographes de la perception s'attachent à révéler. Comme le souligne P. Vieille (10) avec vigueur, l'espace est le lieu commun nécessaire du fonctionnel (activités de production, consommation et échanges), du non-fonctionnel (ce qui n'est pas commandé directement par les rapports précédents : relations entre individus et groupes, rythmes du corps, rythmes sociaux) et du supra-fonctionnel : rêve, utopie, imagination. Comme tel, il sera chargé de connotations, de valeurs qu'il pourra même symboliser (11) : la Ruhr et la puissance, la ville et la liberté («Stadtluft macht frei»). Comme le dit S. Rimbert, «il est attachant ou repoussant, jamais neutre» (12). Mais le poète ne l'avait-il déjà chanté ?

«O Nemours tout douleur, ô Senlis tout sourire, tourterelles et lys, adieu beaux noms chantants» (Paul Fort, Ballades françaises)

Transparence de l'espace qui peut aller jusqu'à réduire l'Univers, le rendre accessible, lui enlever le dernier semblant de réalité factice, et l'élever au niveau de l'espace mythique ; pensons encore au plan de Karlsruhe, psychanalysé par S. Rimbert (4), à celui des anciennes villes chinoises, expression de l'ordre cosmique, transposé dans la société humaine.

Ces quelques lignes pourraient aider à préciser la notion d'espace. La définition complexe et précise de J. Beaujeu-Garnier rend bien compte de sa richesse : «c'est tout un complexe édifié à partir de données tangibles et englobant tout ce qui leur est lié, y compris des causes, des implications et des conséquences absolument invisibles par une observation directe et immédiate, tels des flux financiers ou la transformation des mentalités» (5).

Tentons de généraliser cette définition. On ne peut nier que la notion d'espace suggère l'idée d'étendue concrète et hétérogène. Héritiers de l'école ultraréaliste, qui accentue le caractère objectif de l'espace, certains géographes ont fait de leur discipline la science de la localisation, c'est-à-dire de la disposition des phénomènes dans cette étendue, réalité sui generis indépendante de l'esprit. Les travaux actuels des géographes de la perception s'inscriraient plutôt en revanche dans le courant ultrasubjectiviste qui privilégie le sujet connaissant. La géographie «classique» (l'école «écologiste» de P. Haggett) est héritière spirituelle des philosophies naturelles, définissant entre l'individu et son milieu un ensemble de rapports latents (concept de genre de vie par ex.). De façon schématique, ces trois familles de chercheurs s'attachent tantôt au caractère objectif de l'espace, tantôt au caractère subjectif de la perception, tantôt enfin aux rapports sujets-objets. Ces systèmes (au sens large) contiennent chacun une part de vérité ; quoiqu'on fasse, *on ne sortira pas du cercle objet perçu-sujet percevant,* et il semble difficile de ne pas accepter l'espace comme un être mixte où fusionnent le réel et le possible, le réel et l'idéal. On pourrait alors proposer de le définir comme *l'immense réseau de relations réelles ou possibles, concrètes ou abstraites, ayant pour points d'appui toute portion d'étendue concrète et tout sujet l'habitant.* Ces relations peuvent être horizontales (entre objets, entre sujets) et verticales (entre sujets et objets). Dans ce champ de relations, on pourrait distinguer trois strates principales : la première (strate primaire = Nature) est le substrat naturel, la seconde (strate secondaire) les constructions humaines tangibles, la troisième enfin (strate tertiaire = Culture) (dans la signification qu'elle revêt en anthropologie, par opposition à Nature) les constructions humaines abstraites (lois, règlements, coutumes, croyances, mentalités).

Définition si vaste et générale, dira-t-on, qu'elle ressemble beaucoup à une auberge espagnole. Prenons pourtant n'importe quel objet (une maison paysanne, un quartier urbain), et il entraîne avec lui, dans son sillage, un ensemble de relations extra-ordinairement complexe : «le concret est concret parce qu'il est la synthèse de multiples déterminations» (K. Marx) (14). Elle a l'avantage d'insister sur la nature pleine de l'espace (physique, mental, social), sa globalité.

L'intensité du champ de relations est très variable d'un point à l'autre du globe : une simple parcelle de terrain peut être chargée de multiples significations, imbriquées dans un champ de forces très dense et diversifié : ainsi le centre de Paris, par exemple. A l'opposé, d'autres espaces sont vides de relations, ignorés de tous, certains déserts par exemple. On pourrait parler d'espaces plus ou moins denses, plus ou moins transparents. Densité ou transparence sont variables dans le temps : par exemple l'espace lybien était un espace transparent jusqu'en 1960 avant d'être brutalement transformé par la révolution pétrolière, et intégré à l'espace occidental ; des lois s'élaborent qui couvrent l'étendue concrète d'un réseau d'interdictions ou d'obligations ; des liens se tissent avec les pays consommateurs, les places financières, les producteurs concurrents, etc... Si la strate primaire (milieu naturel) n'est guère différente du Tanezrouft, les deux autres sont bien plus différenciées et complexes.

Comme le rappelle J. Beaujeu-Garnier (15), la tâche du géographe consiste à effectuer des coupes dans ce tissu de relations et d'isoler des portions relativement homogènes de diverses tailles (du quartier à la région). Pour en saisir la structure, les géographes ont parfois privilégié une «démarche» «par le bas» (les déterministes n'ont-ils pas fait de l'influence de la strate naturelle le fondement systématique de toute explication géographique ?) ; J. Gallais, en revanche, parvient à comprendre l'organisation du paysage du delta intérieur du Niger grâce à sa parfaite connaissance de la langue Peuhl : c'est la strate tertiaire qui livre une des clés de l'explication de l'organisation de l'étendue concrète. Aussi doit-on souscrire aux remarques de P. Gourou (16) : «le paysage total n'est pas un système structuré ; pour trouver un système structuré, il faut remonter à la civilisation dont les éléments du paysage dépendent largement.» C'est-à-dire faire appel en dernier ressort à cette strate tertiaire. L'étude d'un espace quelconque ne dispense jamais d'une approche multiforme, qui embrasse les diverses relations définies ci-dessus.

Il n'est pas utile de rappeler que bien des définitions de l'espace sont encore entachées d'hyperréalisme (17). Cette position rejoint celle qui considère l'espace comme le lieu de la production des choses ou de rapports sociaux, de déroulement des faits, cadre immuable, et non pas comme un produit de ces rapports sociaux eux-mêmes.

Si une firme modèle son espace, si un citadin se crée une ville dans la ville, si la ville crée sa région, s'il y a en somme superposition de multiples espaces propres à chaque usager ou acteur, ne peut-on accepter le concept forgé par H. Lefebvre de «production d'espace» (18) ? Selon lui, tout espace est produit avant d'être lu ; la lecture vient après la production, la connaissance après la naissance. Et l'espace produit ne l'a pas toujours été pour être lu, ou plutôt la superposition de significations diverses en rend plus difficile la lecture, comme l'a montré F. Choay (19). Les remarques de J. Sauvy vont dans le même sens (20) : en s'affranchissant de la géographie - entendue au sens de la strate primaire - l'agglomération perd en intelligibilité : auparavant, le jeu des lignes horizontales (miroir des eaux) verticales (arbres) et inclinées (rayons du soleil, flanc des collines) se laissaient aisément déchiffrer ; aujourd'hui, l'intuition spatiale a priori ne sert à rien, étant donné la complexité du nouvel espace : les références humaines ont remplacé les références cosmiques ; un apprentissage s'impose. H. Lefebvre appuie son raisonnement sur la conception marxiste des Hommes qui, «en tant qu'êtres sociaux, produisent leur vie, leur histoire, leur monde». La terre, la nature a été modifiée, donc produite. C'est la société (ou plutôt selon H. Lefebvre le groupe dominant dans la société) qui «produit» l'espace, le forge, en valorise tel objet en dévalorise d'autres (exemple, la montagne au XVIIIe et aujourd'hui). Les sociétés médiévales ont ainsi créé un espace propre, qu'étudie H.L. : l'espace physique perçu c'est celui de la vie quotidienne, constitué de villages, de chemins et de champs, de châteaux aussi ; l'espace de la foi (et de la sorcellerie associée) : cathédrales, grandes voies de pélerinages balisées de calvaires, croisades. Puis au XIIe siècle s'opère une métamorphose : beaucoup de nouveaux noms se superposent aux anciens, «créant un réseau terrestre dépourvu de caractère religieux» ; un nouveau paysage (et un nouveau code pour sa lecture) se modèle, chargé de valeurs nouvelles : la place du marché s'ouvrant de toutes parts sur le territoire que la ville renaissante, bourgeoise, domine et exploite, et le beffroi, nouveau symbole du savoir et du pouvoir, en sont les points forts. On pourrait ajouter que l'accumulation qui caractérise les révolutions industrielles (du milieu du XIXe siècle à nos jours) a scellé cette désacralisation de l'espace : n'est-il pas symptomatique que les bâtiments de l'ancien évêché de Metz soient transformés aujourd'hui en ... marché couvert, et les innombrables places de parades, lieu de la puissance publique, en parkings ? Tous les aspects et les moments de la vie sociale s'inscrivent dans l'étendue concrète. C'est la coopération ou le conflit des principaux agents économiques qui produisent un espace sur la trame plus ou moins altérée des espaces antérieurs.

QUELQUES PROPRIETES DE L'ESPACE

L'espace ainsi défini comme champ de forces, on peut s'attacher à souligner le rôle de certaines interrelations, d'ordre politique par exemple. A. Thiébault avait déjà évoqué l'intérêt et les limites de cette hypothèse de travail (21). Si l'on peut regretter le caractère volontiers polémique et simplificateur de certains articles dans ce domaine, on ne peut manquer, avec A. Thiébault d'accorder à ce type de relations une part importante dans la «production» de certains espaces.

La dimension politique de l'espace

Ne pourrait-on parler légitimement d'un *espace romain,* quand il atteint au IIe siècle sa plus large extension et sa plus grande prospérité ? La production d'un espace est ici consciente : un espace de paix, à l'abri du limès : espace administratif : cohésion - qui ne signifie pas homogénéisation - des Provinces autour de Rome, Urbs et Orbs, cité qui rassemble et concentre ce qui autour d'elle se disperse, et qui est perçue comme «imago mundis», tout comme pouvait l'être T'ien-hia, capitale du Céleste Empire (représentation de l'espace) ; espace commercial : remarquable réseau de voies de communications terrestres ou maritimes; espace urbanisé, homogène cette fois puisque partout la cité est fondée sur un plan d'ensemble immuable, adapté aux sites particuliers : plan en damier avec, à l'intersection du decumanus et du cardo, le Forum qui s'ouvre sur la Curie et la Basilique (espace de représentation) : les plus modestes cités ont reproduit la Ville ; espace culturel enfin (langue, culte de l'Empereur). C'est cette totalité plus ou moins unifiée, ce réseau de relations plus ou moins dense, que l'on peut proposer d'appeler espace romain. Sur une strate primaire à peine altérée s'édifie un complexe de relations concrètes (transports, etc...) et abstraites (liens politiques, religieux...) qui confère à une portion donnée du globe une homo-

De même l'Europe rhénane dont E. Juillard brosse le brillant tableau (22). De même l'Empire britannique étudié par A. Demangeon (23).

Dans un autre domaine, le libéralisme économique contemporain favorise le développement de grandes entreprises industrielles susceptibles de modeler leur espace. Personne ne nie que la Porte d'Alsace est le «monde» de Peugeot, que la Lorraine sidérurgique est celui de Wendel-Sidélor. Et la marque de la grande entreprise se marque, s'imprime non seulement dans le paysage et les flux de biens, de personnes, d'informations (strates primaire et secondaire) mais aussi dans la vie quotidienne des habitants (la «pratique sociale» de H. Lefebvre) - espace vécu-espace subi également : migrations quotidiennes, grèves ; l'usine : elle est toujours présente dans les esprits, dans les conversations, dans les mentalités (strate tertiaire). On a suffisamment décrit le façonnement d'un «homo industrialus» dont le Kruppianer fut le vivant symbole : à Essen, on vivait, on «pensait» Krupp, jusqu'à une identification parfaite de l'homme et de l'entreprise, puisque celle-là lui prenait jusqu'à son nom. La réalité sociale est aussi une réalité urbaine. Dans le monde libéral, le développement urbain est plus ou moins bien maitrisé : l'appropriation privée du sol (strate primaire) est génératrice d'inégalités sociales et d'espace différenciés : «la plus-value est en économie libérale, un des principaux agents d'évolution et de différenciation du paysage» affirme très justement J. BASTIE. Toute cette thèse remarquable (24) démonte avec minutie le jeu subtil des forces qui modèlent une portion d'étendue concrète celui de la périphérie de Paris : dialectique privé/public : poussée anarchique des banlieues pavillonnaires («système» pavillonnaire) entre 1918 et 1930, orchestrée par les sociétés immobilières jusqu'à l'intervention croissante de l'Etat après 1955. Il est évident que dans un autre contexte législatif, historique, politique, économique, culturel, la croissance de ce grand organisme urbain eût été autre : un autre espace serait né. Aussi pouvons-nous faire nôtre la remarque d'A. Cholley qui concluait son compte-rendu : «la lecture de la thèse de J. Bastié renforce la conviction que le terme de géographie politique exprimerait plus directement notre position. En de nombreuses circonstances (géographie des grandes agglomérations, géographie régionale, géographie des activités ou des entreprises etc...), la géographie humaine s'achève par une conception politique.

Quelques dernières considérations relatives à la dimension politique de l'espace urbain. Quoique la puissance publique n'ait guère tardé à imposer sa marque aux centres urbains (Préfectures napoléoniennes, urbanisme Haussmanien), le centre des villes, quand il n'est pas protégé, est aujourd'hui inexorablement reconquis par les bureaux (d'une manière définitive) et les automobiles (d'une manière cadencée) : appropriation privée. Le rôle des puissances d'argent n'est pas négligeable. Chaque société a engendré sa centralité ; la centralité actuelle se veut totale ; elle concentre richesse, pouvoir, savoir. Paris, mais aussi Francfort, Bruxelles en témoignent à l'envi (25). H. Lefebvre (26) note finement

et 1930,orchestrée par les sociétés immobilières jusqu'à l'intervention croisque l'espace urbain, considéré comme un bien banal, donc renouvelable, reçoit ainsi valeur d'échange : l'échange éclipse l'usage ; or l'échange implique l'interchangeabilité, d'où le caractère homogène et monotone des villes actuelles, et l'obsolescence qui s'empare de l'immobilier : du temps éternel des cathédrales au temps mesuré des gratte-ciels. Cette volonté économique - dénoncée par les auteurs marxistes - d'imposer aux lieux des caractères d'interchangeabilité réduit les particularités de chacun : laminage continu.

L'«habitat», ce substantif tout emprunt de passiveté, de fonctionnalisme, l'emporte sur l'«habiter», parce que le bâtiment, produit répétitif qui s'utilise, se consomme est devenu «la prose du monde» ; «il est au monument ce que le quotidien est à la fête». Peut-être n'est-il pas étonnant alors de dénombrer aussi peu de thèses et d'articles consacrés à la maison urbaine, alors que les recherches géographiques se poursuivent sur la maison rurale : «la ville a un corps, la campagne a une âme» disait J. de Lacretelle («Idées dans un chapeau»). H. Lefebvre insiste avec raison : la maison, dans la réalité urbaine du XXe siècle n'a plus qu'une réalité historique, et pourtant c'est un espace privilégié, presque religieux. C'est l'espace intériorisé, l'espace intime chanté par G. Bachelard (27). Au Japon elle fait encore partie des espaces traditionnels de représentation (28). Ne pourrait-on en dire autant de la rue ? Voici deux espaces vécus, deux espaces de la quotidienneté que les études géographiques ont curieusement délaissés.

Discontinuité de l'espace

Si l'on admet qu'une société, par l'intermédiaire de ses agents économiques et politiques les plus puissants peut forger un espace durable, on peut éclairer bien des problèmes d'un jour nouveau. Sur un certain espace (stratifié comme nous l'entendons) peut se superposer un autre espace ; c'est souvent par le biais de sa strate tertiaire qu'il s'impose d'abord : techniques, langue, comportements, relations politiques, etc... influencent l'espace local et s'il demeure sans protection, l'altère progressivement. Les métropoles d'Amérique du Sud sont une réplique latine de Manhattan ; en revanche, espace fermé, ou plus difficilement pénétrable, et solidement assis sur 5000 ans d'histoire, la Chine a moins bouleversé son paysage urbain.

L'espace est plastique. L'espace occidental s'est incroyablement dilaté ; cela signifie que le réseau des relations entre sujets et objets propre à la société occidentale pénètre progressivement d'autres espaces. Les ethnologues parleront d'acculturation ; ils se limitent alors à l'étude des modifications de la strate tertiaire ; les géographes étudieront plus volontiers la transformation du paysage, c'est-à-dire des strates primaires et secondaires. Rarement, une approche globale est tentée : c'est ce qui fait l'intérêt, et la grandeur de l'oeuvre de P. Gourou. Dilatation de l'espace européen disions-nous ; à défaut de s'unifier, le monde s'uniformise sous le sceau de la civilisation occidentale. Les premiers pas de cette expansion remontent d'ailleurs au premier tiers du XVe siècle, début de l'expansion européenne. P. Chaunu (29) et R. Rémond (30) ont éclairé le rôle privilégié de l'Europe dans la «mondialisation» économique et culturelle contemporaine, dans cette explosion planétaire de l'humanité européenne.

Celle-ci se fonde, en partie, sur une appropriation croissante de l'espace mondiale. Ce dernier est, écrit P. Claval (31) «structuré par l'accessibilité» ; or il n'est pas un mètre carré de la Terre où l'occidental ne puisse extraire, produire, voyager, recruter, commercer. Le support écologique - au sens large du terme - des sociétés occidentales s'est étendu au globe entier. P. Claval (32) - considérant l'espace comme support de la production alimentaire, s'inscrivant par là, dans le courant hyperréaliste -, estime que dans les sociétés modernes les gains sont moins de surface que de productivité ; cette affirmation mérite nuance : bien des besoins alimentaires des sociétés industrielles ne sont satisfaits que par un recours aux importations en provenance des pays tropicaux : les grandes plantations ne sont que les projections en terre étrangère de leurs besoins et de leurs méthodes : espaces produits. L'espace européen, dans le domaine agricole, s'est dilaté de l'échelle locale (défrichements médiévaux) à l'échelle mondiale, sous la pression conjuguée de la poussée démographique et de besoins de plus en plus sophistiqués. Les sociétés occidentales s'appuient sur un support écologique immense mais discontinu.

La remarque vaut pour les autres activités de production. Le déséquilibre croissant entre la demande en matières premières et en énergie face à une offre naturellement (ou artificiellement) limitée ont conduit certains pays à distendre à nouveau leur support écologique : c'est l'exploitation systématique des ressources du Tiers-monde. Or le retournement brutal et récent de cette tendance à l'appropriation des espaces sous-développés menace de réduire singulièrement le support écologique de notre société. Curieuse résurgence du déterminisme : l'espace national, contracté, se valorise : le voici exploré avec minutie (sondages pétroliers dans le piémont pyrénéen) délimité avec précision (limite des eaux territoriales dans la Manche) réexploité avec hâte (mines de charbon en Angleterre). La mer d'Iroise, espace transparent, connaitra-t-elle le sort de l'espace désertique lybien ? Certains pays prennent tragiquement conscience des limites de leur strate primaire ainsi l'Italie ou le Japon ; d'autres de sa richesse : les pays arabes.

Autre aspect de cette distension de l'espace occidental. Aujourd'hui, le pourtour de la Méditerranée peut être considéré comme la banlieue touristique, l'espace de loisir, de l'Europe industrielle. C'est un cas remarquable de production d'espace par une société ; un «néocolonialisme s'y installe, économiquement et socialement, architecturalement et urbanistiquement» ; là aussi un réseau de relations nouvelles se tisse progressivement qui étouffe l'ancien espace. L'espace perçu est celui d'une nature violée (voire assassinée), celui des paradis de béton sur front de mer (Côte d'Azur, Costa Brava) ; l'espace conçu est celui d'une dépense improductive, d'un vaste gaspillage, «d'un sacrifice géant d'énergie en excès» ; l'espace vécu : celui des bourgeois en hiver, de la masse en été. Espace de non-travail ; symbole des espaces de représentation, ceux du soleil, de la mer, de la fête, préfabriqués par une société technicienne. La remarque vaut pour tous les grands centres touristiques directement accessibles par Jumbot Jet, d'Acapulco à Bangkok ; autant de «bulles» d'espace occidental, d'isolats, dont la coalescence pourrait menacer l'équilibre local : le paysage se métamorphose : hôtels, routes nouvelles : nouvelle strate secondaire ; les mentalités aussi, au moins superficiellement (altération de la strate tertiaire) : ce sont des morceaux d'espace occidental qui renaissent chaque année. Aussi doit-on souscrire à l'observation de P. Claval (33) : «lorsque le système social donne naissance à un code ostentatoire de symboles visibles, il devient lisible sur de grands espaces et une certaine permutabilité peut se développer d'un lieu à l'autre».

Nous avons fait mentir Jules Vallès, qui disait : «l'espace m'a toujours rendu silencieux» (L'Enfant). Mais le sujet est si vaste ! Ce rapide pélerinage aux sources s'achève par une question : peut-on encore parler d'espace géographique. Pour désigner un espace concret, banal ? nous l'avons vu, toute étude «objective» est déjà interprétation ; la subjectivité imbibe toute recherche. «L'objectivité scientifique, disait Bachelard, n'est possible que si l'on a d'abord rompu avec l'objet immédiat», ce qui n'est guère le propre du géographe. Nous préférerions, précisément en fonction de sa définition complexe - guère éloignée, avouons-le, de celle que proposait L. de Broglie - de dépouiller le mot de tous ses multiples qualificatifs, et de parler, à l'instar de R. Brunet pour la région, d'espace «tout court».

De ces quelques lignes, quelques faits semblent se dégager :

1. la redécouverte par les géographes de la nature mixte de l'espace.
2. la possibilité de le définir comme une trame aux cellules multiples, un champ de forces en interaction permanente. La géographie n'est qu'une des disciplines s'intéressant à lui ; son originalité et son intérêt tiennent à ce que la référence à l'étendue concrète (strates primaire et secondaire) y est plus fréquente et systématique qu'ailleurs.
3. l'hypothèse d'une «production» d'espace par un sujet ou un groupe de sujets, et les caractères politiques et de discontinuité qui en sont deux corollaires.

Pour le reste,

Cum relego, scripsisse pudet, quia plurima cerno,
Me quoque qui feci judice, digna lini.

(Ovide, Pontiques, I, v. 15)

(manuscrit déposé en décembre 1974).

1. A. REYNAUD : La notion d'espace en géographie, Travaux de l'Institut de Géographie de Reims, 5-1971, pp. 3-14.

2. H. LEFEBVRE : La production de l'Espace, Anthropos, Paris 1974, 487 p.

3. A. REYNAUD : Les Rôles ambigus du Facteur spatial, Travaux de l'Institut de Géographie de Reims, 16-1974, pp. 44-55.

4. Voir dictionnaire Géographique, PUF, 1970.

5. H. BERGSON : Essai sur les données immédiates de la conscience, Paris, Alcan, 1889.

6. S. RIMBERT : Les Paysages Urbains, A. Colin, 240 p., Paris, 1973.

7. R.F. DERRIEUX-CECCONI : Les espaces de la firme : le cas de Creusot-Loire. L'Espace Géographique, II, 1-1973, pp. 21-37.

8. L.A. ROUBIN : Espace masculin, Espace féminin en Communauté provençale, AESC, 1970, p. 537-560.

9. Alison M. HAYFORD : The Geography of women : an historical introduction, Antipode, a Radical Journal of Geography VI, July 1974, p. 1-19.

10. P. VIEILLE : L'Espace global du Capitalisme d'Organisation-Espaces et Sociétés, n° 12 - 1974, p. 3-32.

11. R. LEDRUT : Les images de la ville, Anthropos, 390 p., Paris, 1973.

12. S. RIMBERT : op. cit.

13. J. BEAUJEU-GARNIER : La Géographie : méthodes et perspectives, Masson, Paris, 1972.

14. K. MARX : Critique de l'Economie Politique, 1857, p. 164-165.

15. op. cit. p. 63.

16. P. GOUROU : Pour une géographie humaine, Paris, 1974.

17. VIDAL DE LA BLACHE : «le champ d'étude par excellence de la géographie, c'est la surface».

F. PERROUX : «nous continuons à nous représenter exclusivement les relations entre nations, en situant les hommes et les choses dans un espace, en les concevant comme des objets matériels contenus dans un *contenant*».

P. GEORGE : définit ainsi l'espace géographique : «espace banal, défini par des relations géonomiques entre points, lignes, surfaces, volumes, *dans lequel* les hommes et groupes d'hommes, les choses et groupes de choses caractérisées économiquement par ailleurs trouvent leur place» et plus loin «espace concret *rempli* par des relations économiques».

18. op. cit.

19. F. CHOAY : Sémiologie et Urbanisme, dans F.C. et BANHAM R. Le Sens de la Ville, 1972, 186 p.

20. J. SAUVY : Automobile et Géographie. Géographie et Recherche, n° 8, p. 17-24.

21. A. THIEBAULT : «L'Espace est politique» Une nouvelle hypothèse de travail ? Analyse de l'Espace, 3-1972, pp. 88-90.

22. E. JUILLARD : L'Europe Rhénane, A. Colin, 293 p., Paris, 1968.

23. A. DEMANGEON : L'Empire britannique, étude de géographie coloniale, A. Colin 280 p., Paris, 1923.

24. J. BASTIE : La croissance de la Banlieue parisienne, Paris, 1964.

25. A. HAUMONT : La vie quotidienne à Paris. Notes et Etudes documentaires. Paris, 1974.

26. op. cit.

27. G. BACHELARD : Poétique de l'Espace, PUF. Paris, 1967.

28. voir la thèse de Pezeu-Massabuau : la maison japonaise.

29. P. CHAUNU : Histoire, Science Sociale : la Durée, l'Espace et l'Homme à l'Epoque moderne, Sedès, 437 p., Paris, 1974.

30. R. REMOND : Introduction à l'Histoire de notre temps : le XXe siècle. Seuil, Paris, 1974.

31. P. CLAVAL : Principes de géographie sociale, Génin, Paris, 1973.

32. op. cit.

33. op. cit., p. 129.

SYSTEMES DE FORCES ET SYSTEMES DE FORMES CHEZ W.M. DAVIS

J.P. NARDY - Université de Besançon

La récente parution du deuxième tome de «The study of the history of the landforms» (Chorley *et al.* 1973) permet enfin de disposer d'un ouvrage exhaustif sur la vie et l'oeuvre de W.M. Davis. Ce livre est tout particulièrement intéressant car on y trouve une étude exemplaire et rigoureuse de l'évolution de la géographie davisienne. Par un recours permanent à l'étude critique des textes, aux données d'une biographie remarquablement documentée, et au contexte des idées scientifiques de l'époque, les auteurs ont pu décomposer méthodiquement les différents «stades» du cheminement de la pensée scientifique du savant (jeunesse, maturité, vieillesse, rajeunissement), prouvant ainsi accessoirement, et une fois de plus, que l'alliance de l'humour et de l'érudition peut donner des résultats fort astucieux. Il faut dire que l'oeuvre davisienne se prête à merveille à un pastiche d'analyse «cyclique», car elle propose un modèle géomorphologique unique et universel que Davis s'est efforcé d'appliquer à tous les types de structures et de milieux morphogénétiques. En même temps, on peut y mettre en évidence une évolution systématique et achevée car Davis a su adapter sa méthode d'analyse cyclique au fil des découvertes et des objections, au point de réduire son cycle normal idéal à un simple cas particulier (op cit. pp. 749-753). Pourtant, il est curieux de constater que cette évolution s'est faite progressivement, sans crise grave, sans reniement déchirant des oeuvres de «jeunesse», comme si les idées contenues dans les publications du Davis «vieillissant» étaient déjà en latence dans ses premiers articles, et n'attendaient qu'une occasion favorable pour éclore. Incontestablement, Davis a adopté des idées qui allaient apparemment à l'encontre de ses théories primitives. Mais il semble bien que certaines idées fondamentales de son oeuvre tardive ont été, sinon formulées, du moins préformées très tôt.

Les séquences de formes-types qui caractérisent chacun des cycles d'érosion davisiens ont été déjà maintes fois décrites. Nous rappellerons seulement que dans le cas d'un cycle idéal donné, l'aspect du relief, qui est fonction de la quantité de travail érosif déjà subi, est à mettre en relation avec un stade atteint dans le cadre de l'évolution considérée. A partir de ce principe, Davis a pu mettre au point des séries de formes-types (primitives, puis séquentielles, et enfin ultimes) qui s'organisent dans la durée. A chaque stade d'une évolution cyclique idéale, chaque forme locale prise individuellement s'inscrit dans un ensemble de formes interdépendantes juxtaposées (le paysage), dont l'aspect global est fonction de l'état d'avancement du travail de l'érosion *s.l* : (1904 p. 279-280). Ainsi, dans chaque type de cycle, les systèmes de formes se transforment-ils avec le temps, sous l'action des forces érosives qui, simultanément, «modifient, elles aussi, leur comportement et leur apparence», comme ces jeunes rivières torrentielles dont le courant est progressivement ralenti à mesure que se rapproche le stade de vieillesse (1899 p. 254). Suivant en celà Davis, on a souvent mis en relation l'évolution du relief et cette «modification du comportement», alors généralement assimilée à une variation progressive de la puissance érosive :

- Soit pour constater que la phase de généralisation dans le paysage d'une situation de «grade» (1) est bientôt suivie par une «transformation progressive, séquentielle, et irréversible de presque tous les aspects des formes à mesure que se dissipe l'énergie potentielle (*i.e.* relief) du système (Chorley 1962 p. B2 et *op. cit.* p. 196). Et Chorley parait ici confondre l'énergie des processus de transport dans la rivière ou sur les versants, et la «quantité d'énergie utilisable pour transformer un paysage» (*op. cit.* p. 196).

- Soit pour faire remarquer que dans le cycle aride, par exemple, l'agent d'évacuation du matériel (le vent, homologue de la rivière dans un cycle normal) voit son énergie augmenter à mesure que diminue la rugosité du relief (Nardy 1974 p. 54 et suiv.).

Ces deux opinions apparemment contradictoires constatent malgré tout qu'il y a une relation étroite (directe ou inverse) entre efficacité de l'érosion (ou du transport ?) et évolution du paysage. On les retrouve d'ailleurs formulées chez Davis qui signale (1905 p. 300 et 303) que l'efficacité de l'érosion normale diminue progressivement en cours de cycle, tandis que l'efficacité de l'érosion aride tend inversement à être croissante. Pourtant, dans les deux cas, l'évolution tend vers un nivellement du relief, soit indéfiniment retardé, soit progressivement accéléré. Mais, même si le but final est le même (surface d'érosion), les formes ultimes ne sont pas identiques et, même chez Davis, une pénéplaine à monadnocks ne ressemble pas à une pédiplaine à inselbergs. En définitive, quelle influence les variations d'efficacité de l'érosion ont-elles alors sur le déroulement d'un cycle de paysage ?

Ainsi amenée, cette question pose d'emblée une série de faux problèmes. Tout d'abord parce qu'il serait caricatural d'évaluer l'efficacité globale de l'«érosion» (normale, ou aride, ou autre) d'après la seule efficacité d'un agent d'érosion (la rivière, ou le vent, ou un glacier, par exemple). Ensuite parce que le déroulement d'un cycle d'érosion n'est pas lié à l'action d'un seul agent érosif (la rivière, par exemple, n'est pas seule responsable de l'évolution d'un cycle normal, qui serait impossible sans érosion «non fluviatile» sur les versants). Enfin, parce que dans tous les cas envisagés ici, l'efficacité de l'érosion n'a été définie que de manière quantitative, en l'évaluant d'après la quantité de matériel érodé évacuée définitivement dans l'environnement, c'est-à-dire, en dehors de la région qui subit l'action du type d'érosion considéré (la mer, ou une région de climat différent). Et Davis peut donc dire (1905 p. 303) que le travail est plus lent (donc moins efficace) en début qu'en fin de cycle aride, car le vent exporte alors peu de matériel, ce qui n'empêche pas le relief de subir durant cette phase de jeunesse ses modifications les plus appréciables puisqu'il s'ennoie sous ses propres débris. Par conséquent, quel que soit le type de cycle considéré, les modifications quantitatives de comportement et d'apparence des forces érosives correspondent toujours à des transformations physionomiques (qualitatives) du paysage (séquences de formes-types) ; mais elles correspondent toujours aussi à une lente mutation qualitative du type d'érosion qui modèle le paysage. En effet, l'action de l'érosion s'exerce différemment en début et en fin de cycle, et, de même qu'il existe des cycles de formes (normales, arides, glaciaires etc.), il existe de même corrélativement des cycles de l'érosion (normale, aride etc.). Les composantes de cette transformation cyclique des systèmes d'érosion apparaissent nettement dans ce cycle «raté» qu'est le cycle littoral.

Dans son article «The outline of the Cap Cod» (1896), Davis pose les principes d'un cycle d'érosion littorale, qui seront ultérieurement précisés et développés par Gulliver (1899) et par Johnson (1919). Il y expose en particulier la manière dont se régularisent les tracés et les profils des cotes sous l'action des courants marins et des vagues, qui sont deux agents d'érosion à comportement différent.

Les vagues sont un agent qui agit perpendiculairement à la ligne du rivage (1896 p. 700). Par leurs mouvements *on-shore,* elles attaquent la côte ; par leurs mouvements *on-* et *of-shore*, elles érodent les fonds sous marins ; par leurs mouvements *of-shore,* elles évacuent le matériel vers le large. En début de cycle, les vagues frappent la côte de plein fouet, raclant le plattier et créant des falaises parfois surplombantes (équivalent d'érosion linéaire) dont le commandement augmente à mesure que recule le rivage : un moment arrive bientôt où les vagues ont juste la puissance nécessaire pour évacuer le matériel libéré par le plattier et surtout par les falaises : une situation de grade est atteinte. Dès lors, le rivage recule de plus en plus lentement et les falaises acquièrent un profil adouci sous l'effet de l'érosion subaérienne, car les vagues doivent parcourir une plateforme sous marine toujours plus large, et n'arrivent donc plus que très affaiblies (p. 702). Durant cette évolution, on ne constate pas d'organisation progressive d'une répartition, au départ aléatoire, de l'énergie. D'un bout à l'autre du cycle, les vagues conservent le même mouvement de va-et-vient. Mais celui-ci se diffuse dans l'espace, à mesure que recule la côte, tout en perdant de son «efficacité». Cette perte d'efficacité n'est pas due à une diminution de la quantité d'énergie qui alimente le système d'érosion : durant tout le cycle, les vagues arrivent de l'océan avec la même puissance, mais leur énergie est dépensée sur un territoire toujours plus vaste. Leur action subit simultanément une transformation qualitative : d'agents d'érosion mécanique au départ, («corrasion et désintégration» sur la plate forme sous marine, éboulement des falaises), elles deviennent ensuite surtout un agent de transport pendant que les processus subaériens peuvent désormais prendre le relai pour modeler les parties émergées.

Dans le même article, Davis explique aussi la manière dont se régularisent les tracés des cotes sous l'effet des courants littoraux (1896 p. 703 et suiv.). L'évolution débute le long d'un littoral hérissé de caps et de promontoires séparant des baies. Cette configuration de départ ne doit rien à l'érosion : elle résulte d'une modification du niveau de la mer, ou d'un épisode tectonique. Chaque baie, flanquée de deux caps, se comporte comme une cellule indépendante des autres, à l'intérieur de laquelle agissent des courants littoraux strictement *locaux,* issus de l'extrémité des caps, et convergeant vers le fond des baies. Donc, au départ, l'énergie marine (*longshore action of the sea*) (p. 703) est décomposée, au hasard de la topographie primitive, en une multitude anarchique de mouvements locaux, convergents et divergents, seulement rudimentairement organisés, à l'échelle locale, autour de chaque cellule primitive. Ces courants locaux rongent les caps et remblaient le fond des baies. La ligne de rivage se régularise donc progressivement et l'«action de la mer» est de plus en plus dirigée, soit dans une direction, soit dans l'autre jusqu'à ce qu'elle soit organisée en un mouvement continu le long de tout le littoral» (1896 p. 704-705). Ainsi, une multitude de flux *locaux* s'organise pour former un grand flux *global,* intéressant l'ensemble du paysage. Davis ajoute que, bien sûr, dans le détail, «la direction de transport le long d'un rivage régularisé se fait soit dans une direction, soit dans l'autre, selon les variations des vents des tempêtes, mais que si l'on considère seulement les courants dominants, le mouvement (*i.e.* la direction du mouvement) est essentiellement constant» (p. 705). Cette précision nous parait importante, car elle indique que l'énergie du système d'érosion n'est pas donnée par le relief : c'est l'énergie de la mer, dérivée de l'énergie du vent, comme semble le suggérer Davis, dont rien n'interdit de penser qu'elle reste constante (en quantité) durant tout le cycle ; seul varie son mode d'application au relief, ou plus exactement son degré d'organisation, sur lequel alors, le relief semble exercer un contrôle. En particulier, on voit que durant l'intégralité du cycle, l'ensemble du relief est soumis à l'action érosive, mais que la répartition des forces, très morcelée au départ, s'organise progressivement en un flux unique, continu, et strictement orienté. Il en est de même dans un système normal (ou glaciaire) dont le drainage primitif se compose de multiples systèmes indépendants, devenant peu à peu confluents, pour que soit réalisé, de la ligne de crête la plus reculée jusqu'à la mer, un flux continu et orienté de débris et d'eau (ou de glace). L'existence d'un sens d'orientation unique des processus, qui est tellement évidente dans le cas d'un système normal qu'elle a été rarement signalée, est pourtant une condition essentielle de la réalisation d'un cycle. Affirmer que les rivières et le creep fonctionnent dans le sens de la pente n'appelle aucun commentaire ; dire que les courants littoraux «coulent» du «sommet» des caps vers le «fond» des baies (1896 p. 704) est une affirmation purement arbitraire, directement décalquée du fonctionnement d'une rivière. Ici, le sens de fonctionnement des processus d'érosion (gradient) n'est pas du tout évident *a priori,* et Davis édicte un postulat nécessaire au bon fonctionnement de son système d'érosion, ce qui lui permet de donner un gradient au relief d'après le gradient donné aux agents d'érosion (le sens d'écoulement permet de définir où est le «haut» et le «bas»). Pourtant, Davis ne définit pas une fois pour toutes la direction du courant littoral unique de maturité, ou plus exactement, il ne donne pas son orientation, à la manière dont il définit l'orientation du gradient d'un système normal, ou glaciaire, (gradient orienté du centre vers la périphérie, ce qui implique que le cycle *doit* se dérouler sur une zone soulevée par rapport à l'environnement : systèmes centrifuges), ou l'orientation du gradient dans un système aride (gradient orienté de la périphérie vers le centre, ce qui implique que le cycle ne peut se dérouler *que* dans une zone de bassins fermés isolés de l'environnement (1905) : systèmes centripètes). On voit ainsi de quelle manière un système d'érosion peut imposer les caractéristiques d'une topographie de départ (formes primitives) ainsi que la géométrie globale d'un système de formes.

Il est finalement heureux que Davis n'ait pas réussi à mettre au point un cycle cohérent d'érosion littorale. En effet, il n'existe aucun lien entre les deux volets de son étude, et il n'a pas étudié de dispositif de couplage entre le «système courants marins» et le «système vagues». Les deux composantes de l'action de la mer (perpendiculaire et parallèle au rivage) travaillent indépendamment l'une de l'autre, et Davis, dans cet article, n'envisage pas que toute modification du rivage sous l'effet des vagues risque de perturber le travail de régularisation par les courants marins et *vice versa.* De ce fait, les transformations qui caractérisent le déroulement d'un cycle de système d'érosion apparaissent mieux que dans les autres types de cycles, car nettement dissociées. Et dans tous les autres types de cycles, on retrouve, avec des «dosages» différents, ces deux tendances du comportement de l'énergie érosive : d'une part une diffusion dans l'espace accompagnée d'une transformation du mode d'action de l'érosion, d'autre part une tendance à l'organisation des flux d'énergie pour réaliser un flux unique à gradient orienté.

C'est ainsi que le cycle normal, par exemple, est caractérisé par une prédominance de la tendance à la diffusion, la tendance à l'organisation étant plutôt subordonnée. Dans sa forme «idéale», il débute par un épisode tectonique qui soulève une région (1899 A p. 249 et suiv.). Au fond des dépressions topographiques initiales, les eaux de ruissellement se concentrent, donnant des rivières qui creusent des vallées. Leurs versants limitent des interfluves résiduels qui subsistent tels quels : en début de cycle, l'érosion (mécanique) est concentrée dans les fonds de vallées (*érosion linéaire*) et elle opère verticalement (creusement). Mais ce réseau primitif s'étend progressivement par apparition des rivières subséquentes et de leurs affluents : sous l'effet de l'érosion régressive, on voit un réseau primitif (très localisé) se diffuser dans l'espace, étendant, toujours plus loin vers l'amont des ramifications de plus en plus fines, et controlant bientôt tout l'espace occupé par les interfluves résiduels primitifs. Le système linéaire localisé de départ s'est transformé pour devenir, dès la phase de maturité, un réseau diffus. A partir de cette phase de maturité, l'essentiel du travail érosif se fait désormais sur les versants qui reculent, sous l'action du ruissellement concentré puis de l'érosion chimique, jusqu'à se recouper, faisant disparaitre les zones d'interfluves résiduels de départ : le paysage est alors «drainé» par un flux continu de matériel, les rivières lentes de la maturité et de la vieillesse évacuant les débris acheminés par le creep et le ruissellement diffus, et libérés par l'érosion chimique (*érosion aréolaire*). Durant le déroulement du cycle, il se produit donc trois phénomènes :

- Le système de transport, très localisé et concentré au départ (rivières) recouvre, dès la fin de la maturité, l'ensemble de la région considérée, devenant ainsi totalement diffus (2).

- L'érosion fluviatile, mécanique et linéaire, de la jeune rivière, est remplacée sur la pénéplaine (vieillesse) par une érosion chimique et totalement diffuse, avec une phase intermédiaire d'érosion régressive des cours d'eau, et de ruissellement concentré sur les versants (processus de diffusion, et d'extension, à l'ensemble du territoire de l'énergie d'attaque de l'érosion).

- Accessoirement, on assiste, par le biais des captures et de la régularisation des profils de rivières, à l'organisation progressive des flux de drainage pour former, en fin de maturité, un flux unique à gradient orienté.

Le système normal nous donne donc l'exemple d'un système d'érosion qui subit une transformation qualitative irréversible par diffusion progressive dans l'espace de l'énergie érosive. En particulier, on voit que tous les agents d'érosion qui opèrent dans ce système, et que nous avons énumérés au passage, fonctionnent tous durant l'intégralité du cycle, mais que leur importance relative se modifie progressivement. Ces agents se combinent pour former un système d'érosion, qui passe par différents états. Et on peut constater au passage que, chez Davis, l'érosion linéaire, (à prédominance mécanique) et l'érosion aréolaire (à prédominance chimique) ne sont que deux états extrêmes d'un même système d'érosion, reliés entre eux par une chaine continue d'états intermédiaires : ces deux types d'érosion sont donc ici homologues.

Dans le cas d'un cycle glaciaire idéal, on assiste, à une mutation analogue du système d'érosion (1900 p. 659 et suiv.). Le cycle est encore une fois inauguré par un soulèvement qui place une région au dessus de la limite des neiges perennes : la neige s'accumule sur les interfluves, la glace se concentre dans les dépressions initiales. Il y a un peu d'érosion sous la neige et les névés mais «l'essentiel du travail de destruction se fait sous la glace» (1900 p. 659). Les glaciers creusent donc des vallées dont les versants sont «ravinés par des processus de type ordinaire (?)» (3). En même temps, l'érosion régressive des cirques permet le développement des vallées subséquentes et de leurs affluents, pendant que reculent et se recoupent les versants des vallées : les langues glaciaires primitives tendent à devenir coalescentes, pour former durant la phase de vieillesse, une calotte de glace dont l'uniformité est seulement rompue par des nunataks (1900 p. 665-666). Ce bref résumé (mais Davis n'en dit guère davantage) appelle d'abord une précision : le paysage glaciaire qui nous intéresse est celui qu'on voit tant qu'agit le système d'érosion considéré (*paysage visuel*) et non pas celui qu'on verrait si l'on faisait fondre la glace (*paysage virtuel*). De la même façon, le paysage normal que nous avons évoqué précédemment est celui qu'offre la surface des rivières ainsi que celle des manteaux de sols (paysage visuel), et non pas le paysage virtuel qui apparaitrait si l'on asséchait les rivières (les lits ressembleraient alors à des auges glaciaires abandonnées par la glace, 1900 p. 656-657) et si l'on décapait les sols (le paysage aurait alors une forte ressemblance avec un modelé aride, 1930 p. 151 et suiv.). Cette remarque faite, on constate, comme dans un système normal, un processus de diffusion de l'activité érosive durant un cycle glaciaire, avec une modification corrélative de l'action de la glace, d'abord concentrée, puis de plus en plus diffuse (coalescente) et, Davis l'admet implicitement, de moins en moins «efficace». Il est d'ailleurs intéressant de remarquer que la neige, qui n'a aucun rôle érosif actif dans ce cycle, forme des champs de neige sur les interfluves résiduels, qui sont progressivement rongés par l'extension et l'élargissement des vallées et finissent par disparaitre durant la phase de maturité. Ces champs de neige réapparaissent seulement durant la phase de vieillesse, d'abord coalescents avec les calottes de glaces puis bientôt subsistant seuls, durant l'hiver, lorsque le relief de la région est réduit au niveau de la ligne des neiges éternelles. Les langues de glace et l'inlandsis, et *a fortiori* les champs de neiges, sont dont les termes extrêmes d'une série continue d'états de ce système d'érosion qu'est la «glace».

Pourtant, affirmer que ces deux types de cycles (normal et glaciaire) sont caractérisés par une diffusion spatiale de l'énergie érosive, ne rend que partiellement compte de la réalité. En effet, le terme de l'évolution n'est pas un état du système d'érosion où l'énergie serait uniformément répartie partout : certes, l'érosion chimique agit sur l'ensemble de la pénéplaine, et la calotte glaciaire rabotte toute la région qu'elle recouvre ; mais le mouvement des débris, même dans une phase de vieillesse très avancée, est loin d'être désordonné et aléatoire, comme il apparaitrait si le cycle tendait vers un état d'équilibre statique. En réalité, un cycle de système d'érosion décrit en même temps une évolution inverse, durant laquelle on observe l'organisation progressive d'une répartition, au départ aléatoire, de l'énergie. Ce phénomène apparait très nettement lors du déroulement d'un cycle aride.

Dans un système aride, du moins tel qu'il est défini en 1905, le cycle se déroule grâce à l'action de deux agents d'érosion en relai. Durant les premiers stades, (jeunesse et maturité), les formes sont modelées sous l'action d'un ruissellement orienté dans l'espace : le drainage est postulé endoréique, discontinu, et forme des réseaux centripètes juxtaposés. Le paysage est donc formé d'une juxtaposition de bassins fermés, non communicants, vers le centre desquels convergent des «cours d'eau» (4). Par recul des versants (érosion régressive des réseaux centripètes), l'aspect du paysage se réorganise par captures progressives des bassins adjascents, jusqu'à ce que l'ensemble de la région ne soit plus occupé que par un système de pentes régularisées et continues formant un seul bassin désormais «drainé» par un flux continu unique : le vent, qui a pris le relai des eaux courantes, et dont l'action s'applique à l'ensemble du territoire, contrairement à celle des eaux qui reste discontinue dans l'espace et dans le temps. Dès le stade de maturité, le vent devient donc l'agent d'érosion essentiel, exportant le matériel fin de la région aride. Un système aride connait donc un cycle d'intégration analogue à celui d'un rivage ; avec passage d'une multitude de mouvements convergents-divergents aléatoires dans les cellules primitives, à un seul flux orienté. Accessoirement, on constate qu'un agent «très efficace», mais à faible compétence (au sens des hydrologues) a remplacé progressivement un agent peu «efficace» mais à forte compétence (l'eau, à la différence du vent, déplace le matériel grossier 1905 p. 307). Ainsi, même si la puissance de l'énergie érosive (efficacité quantitative) augmente en cours de cycle, en revanche, sa compétence (efficacité qualitative) est décroissante, dans l'ensemble, tout comme dans un cycle normal d'ailleurs.

Mais, simultanément à ce processus d'intégration, l'énergie érosive modifie son comportement. En effet, l'eau, et le vent ont une action morphogénétique différente. Davis fait état de systèmes de drainage centripètes endoréiques (orientation du gradient inverse d'un système normal) constitué par des «cours d'eau discontinus». La description qu'il en donne dans l'article de 1905 correspond assez bien à un système de gullies et de rills instables (ruissellement concentré incisant les versants périphériques et engendrant des paysages de bad-lands dans les bassins en cours de dégradation 1905 p. 301). Dans les zones de piémont, les glacis de dénudation (rock floors marginaux) et d'accumulation (playas centrales) sont modelés par des sheet floods. Les écoulements (ruissellement concentré périphérique passant vers le centre à des écoulements en nappe) sont donc un agent d'érosion mécanique, et de transport aréolaire, peu capable de faire apparaître des formes subséquentes (p. 302) : il n'y a donc pas ici de hiérarchisation des formes, à partir d'un réseau conséquent et de ses affluents, comme dans un paysage normal où existe un réseau hydrographique nettement hiérarchisé. Il y a seulement capture des bassins les plus élevés par des bassins d'altitude plus faible. A mesure que s'estompent les cloisons entre les bassins, et donc que se régularise le relief, le vent voit son efficacité augmenter. Son action est «dans une certaine mesure analogue à celle d'une rivière» dont le lit serait l'ensemble de la région aride (p. 300). Il est d'abord un agent de transport, mais il peut aussi creuser par déflation des cuvettes éoliennes lorsque la charge transportée est peu importante et laisse disponible un excédent de puissance (p. 300). Donc, durant une phase de vieillesse, le vent est un agent de transport «aréolaire», ainsi qu'un agent d'érosion «ponctuelle», qui peut *localement* accentuer les irrégularités topographiques, même si dans son ensemble, son action *globale* est de régulariser le paysage (5). Les agents d'érosion aride ont donc, tous deux, un comportement qui est, en gros, de type aréolaire, mais ils tendent à engendrer des formes de détail linéaires en début de cycle (ruissellement concentré) remplacées en fin de cycle par des formes de détail ponctuelles.

En fin de compte, cette étude comparée montre que le système d'érosion est alimenté par une quantité d'énergie qui peut varier en cours de cycle, comme dans le cas des évolutions de type normal, glaciaire ou aride, où il y a diminution des précipitations orographiques. Mais cette diminution a un rôle limité dans le déroulement du cycle, et il semble bien qu'un cycle littoral puisse se dérouler sans variation de puissance de l'énergie marine. En réalité, l'évolution cyclique est liée à une modification irréversible du mode d'action de l'énergie érosive : le système passe par des états successifs caractérisés par l'action de types d'érosion définis d'une manière vague (linéaire, aréolaire, ponctuelle) en fonction des rapports qu'ils entretiennent avec l'espace (degrés de diffusion et d'organisation de l'énergie dans le type d'espace considéré). Et les agents d'érosion qui interviennent dans un système donné semblent moins définis par leur nature intrinsèque (l'eau, la glace ou le vent par exemple) que par leur mode d'action sur l'espace (ex : la glace «concentrée» de la langue glaciaire opposée à la glace «diffuse» de l'inlandsis).

Les différentes évolutions cycliques permettent donc de discerner des types fondamentaux d'érosion (linéaire, aréolaire, ponctuelle) qui tendent à engendrer dans le paysage trois types de formes fondamentales :

- des lignes : crêtes ou sillons (talweg par exemple)
- des surfaces : plaines ou plateaux (cf chez Davis les *lowlands* et les *uplands*)
- des formes ponctuelles : bosses ou creux (collines ou bassins, par exemple).

Bien sûr, ces trois formes de base peuvent se combiner entre elles pour créer les volumes les plus variés. D'autre part, de la même manière que les types d'érosion peuvent jouer à l'échelle locale ou à l'échelle globale, les types de formes de base peuvent exister à différentes échelles, ce qui permet de voir dans le relief, un ensemble de formes hiérarchisées.

Cette hiérarchisation des types de formes et d'érosion apparait nettement dans un cycle aride. C'est ainsi que durant la jeunesse, le ruissellement est un agent d'action locale qui agit dans les bassins initiaux (mésoformes), et, même durant la vieillesse, il reste un agent local dont l'action est limitée au pourtour des cuvettes éoliennes (mésoformes). Le vent est un agent d'action globale qui parachève la pédiplaine (macroforme) tout en ayant une action locale (création des cuvettes : mesoformes). Et d'un bout à l'autre du cycle, il n'y a finalement pas modification des types de formes, mais seulement changement de leur niveau d'importance relative dans le paysage. Ainsi, en début de cycle, le paysage aride est globalement réticulé (bassins (mésoformes) juxtaposés) avec localement des aires régularisées (rock floors et playas). En fin de cycle, le paysage est globalement régularisé (pédiplaine) avec localement une réticulation de détail (cuvettes (mésoformes) et inselbergs). Et cette évolution est parallèle à celle de l'importance relative des agents d'érosion : en début de cycle, le ruissellement centripète, lié à la mésoforme «dépression fermée» est dominant. La régularisation généralisée qui résulte de son action détermine l'apparition du vent en tant qu'agent principal, reléguant alors le ruissellement à un rôle accessoire de nivellement au niveau des cuvettes. Et finalement, un équilibre s'établit entre l'oeuvre du vent, agent d'action globale qui tend à désorganiser localement le paysage, et celle du ruissellement, agent d'action locale, qui tend à uniformiser globalement le paysage.

On retrouve une semblable relation : type de formes-type d'érosion, dans le cas d'un cycle normal. L'établissement d'un gradient à tendance centrifuge (le soulèvement initial) suscite l'apparition de l'érosion linéaire et régressive, qui tend à exagérer la rugosité du paysage, ainsi que sa diversité (érosion différentielle) pour aboutir, durant la maturité, à la plus grande variété des formes, en même temps qu'à la plus grande organisation du relief (1899 p. 262 et 1902 p. 395). Dès lors, l'apport d'une grande quantité de matériel en provenance des versants ralentit l'érosion verticale des rivières qui se mettent à méandrer (érosion latérale), pendant que le weathering (érosion aréolaire) abaisse les versants et désorganise le paysage qui devient une *featureless country.* Comme dans le cas d'un cycle aride, on retrouve ici un cycle de paysage passant par une phase de maturité caractérisée par une organisation maximale du relief. Mais ici l'organisation correspond à une différenciation maximale des types de formes alors que dans un cycle aride, l'organisation correspond à une uniformisation parfaite du paysage (un bassin unique régularisé). D'autre part, la régularisation (établissement d'un profil d'équilibre sur les rivières, et ensuite sur les versants) affecte d'abord les mésoformes avant de caractériser l'ensemble du paysage. Ces mésoformes sont conservées durant toute la vieillesse mais perdent alors leur différenciation pour former un paysage (pénéplaine) uniforme, caractérisé par la juxtaposition de collines (mésoformes) toutes semblables (*low monotonous hilly country*). Ainsi, à partir d'un paysage globalement soulevé (macroforme) à la topographie indéterminée et de toute façon peu variée (*initial uplands*) (6) localement accidenté par des versants de vallées jeunes (mésoformes), les mésoformes envahissent toute la région (début de maturité) qui perd ainsi son unité topographique, jusqu'à ce qu'un équilibre s'établisse entre formes locales (péné-) et forme globale (-plaine) ; mais ici, à la différence d'une pédiplaine, ce sont les formes locales qui dominent dans le paysage et lui donnent son unité.

Bien sûr, nous nous sommes borné à faire apparaitre ici une hiérarchisation entre formes globales et formes locales (par commodité : macro- et mésoformes). Une étude plus détaillée montrerait l'existence d'une hiérarchisation plus complexe, permettant une description très fine du paysage qui serait alors un ensemble de grands types de volumes simples, accidentés par des volumes homologues mais de taille plus réduite, eux même animés par des jeux de volumes encore plus localisés, et ainsi de suite. Pourtant, en ce qui concerne les articles du début du siècle, où Davis pose les principes d'une géomorphologie cyclique, il ne nous parait pas nécessaire de pousser très loin cette étude de la hiérarchisation des formes. En effet, ces articles nous ont surpris, au premier abord, par la pauvreté du vocabulaire descriptif. Et un comptage des mots descriptifs effectué sur les articles théoriques de 1899, 1900 et 1905 A, montre que les termes les plus fréquents sont ceux qui désignent des formes majeures : vallée, hauteurs, (*uplands, highlands*), plaine, bassin. Par ailleurs, Davis utilise une quantité de termes variés désignant des formes de moyenne ampleur, qui viennent animer et différencier ces formes de base (collines, fond de vallée, lit, versant, éperons, crêtes, cuvettes, terrasses etc), mais leur fréquence respective est moindre. Il est bien évident que cette «pauvreté» du vocabulaire ne provient pas d'un manque d'érudition de Davis, et il suffit de lire les articles de géomorphologie appliquée de la même période pour s'en convaincre. Elle nous semble plutôt résulter d'une démarche méthodologique qui apparait, entre autres exemples possibles, dans un détail de construction de l'article sur le cycle aride (1905 A) lorsque Davis explique longuement le fonctionnement des cuvettes éoliennes mais ne précise ni leur forme ni leurs dimensions : il s'agit visiblement pour lui de dégager les grands traits d'un paysage, de ramener la complexité des paysages réels à quelques formes typiques simples dont il montre les liens d'interdépendance par le jeu des agents d'érosion. Ce souci d'épuration et de généralisation se retrouve aussi dans la conception des croquis et des blocs diagrammes qui illustrent ces articles, et qui sont considérés, encore aujourd'hui, comme des modèles du genre. Là encore, quelques traits suffisent à montrer l'architecture d'ensemble du paysage et les seuls détails qui font sa spécificité. Le dépouillement délibéré de ces épures géomorphologiques contraste fortement avec la minutie détaillée des croquis d'entomologie, et avec l'impressionnisme baroque de certains des dessins que Davis concevait pour ses enfants (cf les illustrations de l'ouvrage de Chorley *et al* 1973).

C'est pourquoi il nous parait que les «cycles idéaux» du début du siècle doivent être considérés comme des cycles de systèmes d'érosion et de paysage, visant d'abord à structurer des types d'espace, et ensuite seulement à cataloguer minutieusement des types de formes. Les différents systèmes d'érosion permettent d'établir un couplage entre les types d'espace engendrés par la tectonique (paysages initiaux) et les types de formes qui les animent. Enfin, les types d'érosion sont essentiellement définis d'après les rapports qu'ils entretiennent avec l'espace et d'après leur niveau d'action dans le paysage (action globale ou locale). Ces données permettent finalement d'opposer deux grands types de paysages et de systèmes d'érosion.

- D'une part, le système normal est tout particulièrement adapté à des zones *soulevées globalement*, et *localement* relativement *peu déformées*. Il permet l'apparition de formes *linéaires* sur lesquelles s'accrochent des formes «aréolaires» locales (versants), et dès la maturité, le paysage est une juxtaposition de *mésoformes* d'abord très différentiées, puis monotones. La macroforme «pénéplaine» est alors un ensemble de mésoformes semblables (collines) : la juxtaposition des mésoformes détermine (définit) la macroforme.
- D'autre part, et en contre-partie, le système aride est tout spécialement adapté à des zones *localement très déformées* (jeux de blocs faillés) et dont les *mouvements d'ensemble sont sans effet* sur le cycle. Il permet le développement de formes *aréolaires* généralisées (grands glacis-playas) qui donnent son unité à la région (pédiplaine) et cette *macroforme* est *localement accidentée* par des mésoformes ponctuelles (cuvettes éoliennes).

On voit donc que ces deux types de cycles représentent deux modalités extrêmes de l'érosion et du paysage, entre lesquelles peuvent se placer une multitude de modalités (cycles) intermédiaires. Le cycle glaciaire en est un exemple.

Dès 1900, Davis a fourni un exemple d'un de ces cycles de synthèse, qui se déroule sous l'action d'un système d'érosion intégrant à la fois certains aspects de l'érosion normale et de l'érosion aride. D'après lui, l'érosion glaciaire relèverait de ces deux catégories. En effet, le glacier est comparable à une rivière qui descend des montagnes pour déboucher sur un piémont aride où elle disparait par évaporation et infiltration ; et les moraines terminales d'un glacier correspondent aux cônes terminaux en forme de delta d'une telle rivière (1900 p. 656). Le cycle idéal est inauguré par un mouvement tectonique qui place une région nettement au-dessus de la limite des neiges éternelles, en lui donnant un relief primitif modérément varié. Des glaciers conséquents occupent les dépressions initiales et s'écoulent vers l'extérieur de la région considérée (postulat implicite). Leur taille croit vers l'aval jusqu'à un point où l'ablation (fusion et évaporation) la réduit progressivement à néant. La glace est alors relayée par l'eau d'un cours d'eau de type normal. Tout comme une jeune rivière, le jeune glacier dispose d'un excédent de puissance qui lui permet de creuser sa vallée, tout en régularisant progressivement son profil en long. Celui-ci prend bientôt l'allure d'une courbe régulière concave, lorsqu'une situation de grade est atteinte sur l'ensemble de son cours. Le profil en long de la *surface* du glacier est ainsi régularisé, en particulier par disparition des séracs, analogues aux rapides d'une jeune rivière. Simultanément, des glaciers subséquents se développent vers l'amont par érosion régressive des cirques, exploitant les différences lithologiques. Ces glaciers, de taille réduite, creusent leur vallée moins rapidement que le glacier principal, et durant un certain temps, des séracs («cascades de glace») peuvent exister au confluent avec la vallée principale. Le ralentissement du creusement du glacier principal (diminution de la pente, et augmentation de la quantité de matériel à transporter), permet aux glaciers affluents de «rattraper» le glacier principal, et la disparition des séracs de confluence. La généralisation d'une situation de grade à l'ensemble du réseau glaciaire se traduit donc par une régularisation de l'*aspect de surface* des glaciers, et la loi de Playfair est respectée au niveau de la surface du réseau, qui ressemble finalement à un réseau hydrographique normal.

Pourtant, la topographie du lit du glacier, tout comme celle du lit d'une rivière, diffère grandement d'une topographie normale. D'après Davis, la puissance d'un glacier (vitesse – pression) est directement fonction de sa taille, d'abord croissante vers l'aval, puis décroissante, à mesure que fond la glace, pour devenir enfin celle du torrent glaciaire à la terminaison de la langue. Le glacier s'aménage donc un lit approprié à sa taille, à calibre d'abord croissant, puis décroissant vers l'aval. Mais la réalisation de ce type de lit est progressive. Durant sa jeunesse, le glacier exploite au maximum les variations de résistance de la roche, et accentue les irrégularités du fond de son lit, modelant une série de bassins et de verrous (équivalents des seuils et des mouilles dans une rivière p. 662), auxquels ne correspondent, en surface, que des tronçons en pente continue séparés par des séracs. La réalisation de ces contrepentes dans le lit est rendue possible car le glacier a un mouvement d'*ensemble* vers l'aval (gradient de surface), mais la glace, à l'échelle *locale,* peut gravir des contrepentes (p. 657-58). Ainsi, lorsque toute la puissance du glacier n'est pas utilisée à transporter du matériel morainique (phase antérieure à l'établissement d'une situation de grade), l'excédent de puissance du glacier permet, tout en début de cycle, le développement d'une topographie de «bassins» juxtaposés lorsque les données lithologiques s'y prètent. Mais cette phase d'érosion différentielle n'est que temporaire. En effet, le mouvement de la glace est bientôt fortement ralenti dans les bassins et acceleré sur les verrous : de ce fait, le matériel morainique venu de l'amont s'accumule dans les ombilics et le glacier érode les verrous jusqu'à ce que la pente du lit soit partout apte à assurer le transport le plus efficace du matériel érodé (généralisation d'une situation de grade) : la phase de maturité est atteinte lorsque le fond du lit se trouve ainsi régularisée. Le profil en long alors obtenu est directement adapté à la capacité érosive (*s.l.*) du glacier, et à la quantité de matériel transporté. Durant le début du cycle on a donc disparition progressive de bassins juxtaposés et réalisation d'un profil régularisé, qui va subir une évolution complexe durant les phases de maturité et de vieillesse.

L'allure de ce profil est fonction de la puissance du glacier (croissante puis décroissante vers l'aval) et de la quantité de matériel transporté (croissante vers l'aval). Le glacier possède donc, dans sa partie médiane, une zone d'érosion maximale de part et d'autre de laquelle la pente du lit sera accentuée vers l'amont, et diminuée vers l'aval. Durant sa maturité, et si les versants livrent beaucoup de débris, le glacier peut même remblayer sa partie distale (moraines frontales) réalisant ainsi, dans sa partie intérieure, un profil de lit en contrepente, sans que son profil de surface cesse d'être en pente vers l'aval (p. 668). On retrouve dans ce cas l'homologie avec un bassin aride unique de maturité, soumis à une «dégradation» dans sa partie amont et à une «aggradation» dans sa partie aval. L'existence du «bassin» distal est éphémère (phase de maturité) et elle est seulement liée à l'inefficacité du torrent glaciaire à éliminer tout le matériel fourni par le glacier. De ce fait, durant la maturité, l'altitude de la partie aval tend à être croissante. Durant la vieillesse, la quantité de matériel fournie par les versants diminue sensiblement, le torrent glaciaire peut donc éliminer tout le matériel apporté par le glacier et même disposer d'un excédent de puissance qui lui permet d'éroder le vallum frontal : dès lors, l'altitude de la partie aval, et donc de l'ensemble du système glaciaire en équilibre, diminue progressivement. Cette évolution du profil du lit (remblaiement, puis ablation) évoque finalement celle d'un bassin aride, avec pourtant cette différence que le matériel, accumulé au centre du bassin aride est évacué par un agent aréolaire qui crée des formes de dégradation ponctuelles, alors que le matériel accumulé dans la partie inférieure du glacier régularisé est éliminé ponctuellement à l'extrémité du profil (linéaire) du lit, par le torrent glaciaire qui déblaie la moraine frontale.

A l'évidence, ce cycle glaciaire n'est pas simple, et Chorley *et al* (1973) n'ont pas manqué de relever avec humour ses ambiguités (p. 316-318). Celles ci pourtant s'estompent si l'on tient compte du fait que le système d'érosion tend à développer simultanément deux types de paysages :

- d'une part, celui qu'on voit lorsqu'agit le glacier : paysage *visuel* de la *surface* du réseau glaciaire, analogue à celui de la surface d'un réseau hydrographique normal, et qui suit une évolution de type normal.
- d'autre part, celui qu'on verrait si l'on faisait fondre la glace : paysage *virtuel* de l'auge glaciaire, analogue au paysage qu'offrirait le *lit* d'une rivière normale et qui suit une évolution comparable à celle d'un paysage aride (7).

Le cycle glaciaire est donc bien un cycle de synthèse. Pourtant, les formes obtenues au niveau de l'appareil glaciaire ne forment pas un paysage hybride, comme on aurait pu s'y attendre, mais deux paysages radicalement distincts, en relation avec deux types d'équilibre du système d'érosion. En effet, le glacier lui-même n'est rien d'autre qu'un flux de matériel érodé, au même titre qu'une rivière (un peu de débris dans beaucoup d'eau 1899 p. 267) ou qu'un manteau de sol (beaucoup de débris dans très peu d'eau 1899 p. 267), qui se modèle un système de formes profondes (virtuelles) aptes à permettre le meilleur «écoulement» du matériel, et directement adaptées aux caractéristiques du flux. Des processus tels que l'abrasion, la fragmentation de la roche sous l'effet des variations de température, le déchaussement des blocs et leur facile élimination en raison de la compétence et de la puissance de la glace, lui permettent de s'aménager un lit progressivement élargi puis rétréci vers l'aval (8), exactement calibré pour lui permettre le transit le plus efficace du matériel érodé compte tenu de sa puissance. Par conséquent, dans un réseau glaciaire en équilibre (situation de grade généralisée à l'ensemble du réseau), le glacier principal s'écoule dans une auge de grandes dimensions sur laquelle viennent se connecter les auges plus petites des glaciers affluents. A l'emplacement des confluences, existent donc de brutales discontinuités topographiques (auges suspendues au-dessus de l'auge principale), que l'on pourrait d'ailleurs retrouver dans le lit d'une rivière normale là où elle reçoit des affluents (1900 p. 656-57). Ces formes de discontinuité (ici ruptures de pente) sont caractéristiques d'un paysage virtuel en équilibre, et traduisent une modification brutale des termes du rapport : capacité de produire du matériel érodé / capacité d'éliminer ce matériel. Elles correspondent en outre à une hiérarchisation des formes du paysage, et au niveau du paysage visuel, l'appareil glaciaire intègre toutes ces formes hiérarchisées (vallées conséquentes, subséquentes, etc) dans un tout continu. Finalement, formes continues et discontinues sont liées à la mise en équilibre général du système d'érosion, et sont deux aspects complémentaires de la réalisation d'un flux en équilibre de matériel érodé.

Lors de son exposé sur le cycle glaciaire, Davis développe longuement cette étude comparée entre paysages virtuels et visuels, expliquant les stades de façonnement du lit, en relation avec les stades de mise en équilibre progressive du système glaciaire. Mais, et c'est une faiblesse de son article, il sacrifie l'analyse de l'évolution des interfluves et des versants ; et de ce fait, on imagine assez mal, par exemple, l'aspect des versants d'une vallée glaciaire mure, ou celui d'un relief virtuel glaciaire sénile, surtout lorsque l'érosion l'a abaissé au niveau de la limite des neiges éternelles.

Malgré ces imperfections, le cycle glaciaire nous parait pourtant marquer une progression dans l'évolution de la pensée davisienne, car le schéma proposé est beaucoup moins contraignant que celui du cycle normal. En particulier, on constate un assouplissement de la notion de niveau de base général, qui, ici, ne peut guère correspondre qu'à la limite des neiges perennes. D'ailleurs, l'expression «niveau de base général» n'est pas utilisée dans cet article de 1900. En effet, cette limite des neiges ne joue pas un rôle immédiat et direct dans le paysage puisque des auges typiquement glaciaires sont modelées dans les zones périphériques de climat normal. Le niveau de la mer, niveau de base par excellence d'un système normal n'exerce pas ici de contrainte directe au niveau des formes virtuelles puisque les glaciers peuvent creuser en dessous du niveau de la mer dans des conditions qui ne dépendent que du climat à l'extrémité du glacier (1900 p. 669), c'est-à-dire que du volume du glacier à son embouchure. Il en est d'ailleurs de même dans le cas du lit d'une rivière (cf exemple du cas du Mississipi 1900 p. 669-70). Mais le niveau de la mer exerce malgré tout un contrôle sur les formes visuelles pour des raisons évidentes liées à la densité de la glace (ou aux lois d'écoulement s'il s'agit des rivières et des formes visuelles normales). Dans le cas d'un système glaciaire, le niveau de base général perd donc sa stricte définition géographique (niveau de la mer) et ne conserve que sa définition fonctionnelle en déterminant les conditions d'existence du système d'érosion, et en ne représentant plus qu'un état d'équilibre statique vers lequel tendent les forces qui constituent le système d'érosion, ou encore fixant un niveau d'inefficacité totale de ce système de forces obtenu ici d'une manière radicale puisqu'en fin de cycle, les glaces disparaissant. Cette définition fonctionnelle est évidemment de peu d'utilité pratique et seule compte, en fait, la notion de «stabilité du paysage par rapport au niveau de base» ou plutôt celle de stabilité des forces du système d'érosion, toute modification brutale de leurs rapports de force entrainant une modification des formes résultantes. Et en définitive, les formes glaciaires sont définies comme étant en déséquilibre ou en équilibre, et le degré d'évolution du paysage est fonction du degré de diffusion d'une situation de grade à l'intérieur du paysage, d'abord atteinte à la terminaison du glacier, puis progressivement étendue jusqu'au niveau des lignes de crete les plus reculées (1900 p. 660). De cette manière, l'évolution cyclique n'est perturbée que par des modifications brutales de l'efficacité relative des agents d'érosion, et susceptibles de provoquer une rupture d'équilibre. Et les «accidents» n'interviennent que lorsque cet équilibre est rompu. Cette idée de la compatibilité d'une évolution cyclique avec une transformation lente d'origine tectonique (ou climatique) des composants du système de forces érosives, n'est pas nouvelle chez Davis, et elle est déjà formulée à propos du cycle normal puisque le cas d'une évolution concomitante avec un lent soulèvement tectonique est prévu (1904). A vrai dire, un cas analogue n'est pas explicitement envisagé dans l'article de 1900. Mais il est aisément concevable puisque toutes les formes sont définies par rapport à l'appareil glaciaire en équilibre. Toute modification du système d'érosion (les sytèmes de pente en sont une composante) n'impliquant pas une rupture brutale d'équilibre, ou un réajustement brutal des équilibres existants

est donc compatible avec le déroulement d'un cycle idéal. L'article sur le cycle glaciaire marque ainsi une étape importante, préparant la parution en 1905 d'un modèle d'évolution (cycle aride) sans niveau de base général de type normal (niveau de la mer) où des formes d'équilibre se développent sous le contrôle de niveaux de base locaux et mobiles (aggradation et dégradation des playas). Il en est d'ailleurs aussi de même au niveau des formes locales d'un paysage normal mur, puisque les versants en équilibre évoluent sous le contrôle local d'une rivière régularisée qui peut aggrader (début de maturité) puis dégrader son cours (fin de maturité). Et finalement, les cycles normal, glaciaire et aride sont trois tentatives différentes et complémentaires d'aborder l'étude des conditions de la réalisation de formes d'équilibre ainsi que de leur évolution. Dès 1905 sont donc déjà préformés les deux grands thèmes qui feront l'originalité des derniers grands articles théoriques de Davis (1938 et surtout 1930) :
- l'homologie fondamentale des types de formes, en dépit de leurs différences apparentes, quels que soient les milieux morphogénétiques.
- l'étude des formes séquentielles synchrones du soulèvement initial.

Le thème de l'homologie, soit des systèmes d'érosion, soit des systèmes de formes a été repris par Davis à la fin de sa vie, et longuement développé dans un remarquable article de synthèse paru en 1930. Davis y reprend une étude comparée systèmatique entre formes normales et arides, montrant leur stricte homologie, en dépit de leurs différences apparentes. La démonstration repose sur une description minutieuse des paysages à partir d'exemples typiques réels. Et, comparé aux articles théoriques publiés un quart de siècle plus tôt, celui-ci surprend par la finesse des observations (valeurs de pentes chiffrées, nature des formations superficielles, analyse des formes qui accidentent les glacis) ainsi que par la richesse du vocabulaire descriptif du modelé des vallées normales, et des croquis qui les illustrent. En outre, cet article tient compte des progrès les plus récents réalisés dans la compréhension des paysages ainsi que des processus. Après avoir fait le point des connaissances acquises dans le domaine de la morphogénèse des glacis, en développant tout particulièrement le cas des pédiments en roches granitiques, Davis pose les principes d'une étude comparée systématique (tous les facteurs sont identiques sauf le climat) et étudie l'évolution des formes, en particulier granitiques, en pays humides, pour enfin exposer longuement les analogies et les différences entre morphogénèses aride et humide.

Toute cette démonstration repose sur un certain nombre d'hypothèses, exposées en fin d'article, concernant les processus humides et arides (p. 146-47). Davis n'a pas abandonné le principe, formulé en 1905, que les processus arides sont en prédominance physiques alors qu'ils sont essentiellement chimiques dans l'humide. Mais il modère cette affirmation en reconnaissant que ces deux types d'érosion ne sont pas spécifiques d'un milieu précis, et ne s'excluent nullement. En même temps, il précise le contenu de ces deux concepts. L'érosion mécanique désigne toujours une fragmentation mécanique de la roche associée à du rill-wash, et l'érosion chimique, une attaque évidemment chimique de la roche, liée à la présence de nappes phréatiques dans des manteaux d'altération soumis aux seuls effets du creep. Mais il s'y ajoute la remarque (p. 146) que l'érosion mécanique joue dans tous les milieux sur affleurement de roche nue ou sur sols pierreux peu épais où le rill-wash est favorisé. Et il en est de même pour l'érosion chimique dès qu'apparaissent des sols suffisamment épais, recouverts de végétation, qui entravent la formation du ruissellement et favorisent celle du creep. Finalement, tout ceci revient à dire que ces deux modes d'érosion représentent deux types de bilans ponctuels de matériel, l'érosion mécanique étant liée à une fourniture lente de débris et à une élimination efficace (relativement), et réciproquement dans le cas de l'érosion chimique. D'autre part, ces deux types d'érosion tendent à s'entretenir par autocatalyse, et même à progresser spatialement dans un milieu favorable. Et ainsi, s'appliquant d'abord à deux types de bilans ponctuels de matériel, ils finissent par caractériser deux types de paysages en équilibre (9), donc par définir deux types différents d'équilibre atteints par deux systèmes d'érosion distincts où les diverses forces érosives sont «dosées» différemment.

Ceci apparait très nettement dans les deux modèles d'évolution des versants granitiques. Le modèle aride est directement repris de Lawson (1915) et de Bryan (1925). Sur la paroi rocheuse d'un versant jeune, les actions météoriques ont une double action ; l'érosion chimique, exploitant les réseaux de diaclases, individualise des blocs qui vont lentement migrer vers l'aval tout en s'amenuisant (p. 147-48) ; elle libère en outre du matériel fin (désagrégation granulaire) facilement éliminé par le ruissellement. Un tel versant à blocs assistés se stabilise sur une pente d'équilibre (30-35°) et recule parallèlement à lui-même (p. 10). En revanche, sur la paroi rocheuse d'un versant humide (10) jeune, des processus analogues, mais plus efficaces libèrent en plus grande quantité du matériel érodé qui s'accumule en pied de versant, formant un talus d'éboulis transitoire qui protège la base du versant, tandis que recule le sommet. Ainsi la pente s'affaiblit-elle en même temps que le versant se recouvre de sols. Une coupe sur un versant humide mur montre alors une couverture de sols très évolués (= très amenuisés) reposant sur des boules de roche plus ou moins pourrie, cet «horizon» passant lui-même progressivement à la roche saine, où l'érosion chimique progresse le long des diaclases, dégageant de nouvelles boules qui seront peu à peu pédogénétisées à mesure que le ruissellement diffus et surtout le creep élimineront les horizons superficiels (p. 26-27). En sommet de versant, la présence d'un double front d'attaque et l'action du creep tendent à développer une convexité.

Ce bref résumé suffit déjà à montrer les progrès réalisés dans la description des formes locales et dans celle de l'action des processus. La grande nouveauté est bien sûr l'acceptation du modèle de Byran du recul parallèle des versants, qui s'oppose de manière radicale à celui de la décroissance irréversible des systèmes de pentes. Davis admet ainsi la possibilité de diverses évolutions des formes d'équilibre ces possibilités étant liées aux types de milieux morphogénétiques, ou plus exactement, étant déterminées par des inégalités (liées aux milieux) dans l'efficacité des processus de transport sur les versants. Mais l'acceptation de ce modèle semble s'être faite sans trop de difficulté, et Davis n'a même pas éprouvé le besoin de renier catégoriquement son article de 1905 qui, selon lui, ne traite que du cas particulier de l'intégration des bassins (1930, Note 2 p. 13). En réalité, il s'adapte parfaitement dans le système davisien tel qu'il avait été esquissé dès le début du siècle car, en 1930, Davis réussit enfin la démonstration, maladroitement amorcée dans le cycle glaciaire, de l'homologie des formes et des systèmes d'érosion. En effet, les systèmes ou les modelés humides et arides ne sont, selon lui, que les membres extrèmes d'une série continue de systèmes et de formes d'érosion intermédiaires. Comme on l'a déjà vu, cette idée n'est pas neuve, mais sa démonstration l'est, car ici Davis ne construit pas un cycle intermédiaire, ou de synthèse (ex. cycle glaciaire), il étudie directement les deux extrèmes de la série, traitant ainsi indirectement des cas intermédiaires, qui ne sont que des formes de transition, nullement théoriques puisqu'on les observe lorsqu'un climat purement humide peut se dégrader dans l'espace pour passer à un climat franchement aride (1930 p. 4). Pourtant, si la démonstration est neuve, ses conclusions font appel à des notions déjà bien connues. C'est ainsi que sous la couverture de végétation et de sols des versants humides (paysage visuel d'un flux continu de débris en mouvement), on retrouve la roche en place (paysage virtuel) plus ou moins altérée et recouverte de blocs : le paysage des versants arides n'est donc rien d'autre qu'un paysage virtuel humide, débarassé de ses manteaux de sols (p. 148). Il en est de même pour les banquettes rocheuses, recouvertes de sols épais, et élargies à mesure du recul des versants humides de part et d'autre des vallées : ces banquettes nettoyées de leurs sols (paysage virtuel humide) sont l'équivalent des pédiments engendrés eux aussi par le recul des versants arides (p. 15-16, p. 151). On voit qu'en dépit de ses aspects novateurs, l'article de 1930 exprime une remarquable continuité de pensée depuis la publication de l'article sur le cycle glaciaire (1900). Même le modèle de Lawson et Byran apparemment si neuf, reprend, sous une autre forme, l'idée déjà exprimée des discontinuités topographiques observables dans les paysages virtuels en équilibre. Dans le cas des paysages arides de 1930, il n'est évidemment plus question de formes assimilables à des «vallées (auges) suspendues» mais ces discontinuités existent sous la forme de contacts par angle net entre la base d'un versant granitique, et un glacis en roche analogue. Ce knick est une forme d'équilibre liée au mode de fragmentation des granites qui libèrent à la fois des blocs et des grains. Les processus de transport maintiennent une forte pente au versant, permettant le transit des blocs, et une faible pente sur le glacis suffisante pour le transit du matériel fin. L'angle basal correspond à un changement brutal dans la granulométrie du matériel transporté, et non plus à une modification brutale de la puissance des agents de transport (ex : confluence entre deux glaciers de taille inégale).

Par le recours aux notions de formes visuelles et virtuelles, Davis a donc finalement réussi à concilier deux modèles d'évolution cyclique et deux systèmes de formes apparemment incompatibles. Mais dans cet article de 1930, on trouve aussi magistralement résolus les problèmes d'échelle d'analyse des formes. En effet, l'adoption d'un modèle cohérent d'évolution des versants ainsi que des pédiments arides, offre enfin une contrepartie valable au modèle d'évolution humide, déjà bien au point en 1899. Ce modèle aride permet désormais l'analyse de toutes les formes locales (versants, glacis, vallées). Mais une autre nouveauté réside dans le fait que Davis admet maintenant dans les régions arides la présence de réseaux hydrographiques assez semblables aux réseaux humides (p. 146-47). Ceux-ci permettent donc tout naturellement l'intégration des formes locales dépendantes, dans un ensemble régional ou global. Et dans cet article, Davis passe tout naturellement de l'étude comparée de l'évolution des versants glacis humides ou arides (formes locales) à l'étude comparée des pénéplaines et des pédiplaines (formes globales). Et les problèmes de hiérarchisation des formes, très nets dans l'article de 1905, moins évidents dans l'article de 1899, sont ici résolus par l'adoption d'un modèle théorique d'ensemble (humide-aride) où chaque forme est caractérisée par son degré d'évolution, et par sa place à l'intérieur du système de formes. Un exemple de cette évolution réside dans le fait que dans le nouveau cycle aride, Davis, sans restreindre apparemment le rôle du vent, ne fait plus allusion à son rôle organisateur (ou désorganisateur). Ici, l'organisation, ou plus exactement le degré d'évolution du paysage global, est liée à la diffusion dans l'espace de l'énergie érosive. Et on voit un réseau hydrographique aride primitif se ramifier progressivement, ciseler les masses montagneuses jusqu'à ce que, par recul parallèle des versants, l'ensemble de la contrée soit réduit à quelques inselbergs, dominant des pédiments où agissent le rill-wash et des sheet-floods. L'énergie érosive, linéaire au départ, devient donc diffuse en fin de cycle, comme dans un cycle normal (*cf ante*). Les actions ponctuelles du vent ne sont plus évoquées qu'indirectement, et le mot «hollow» (cuvette éolienne) n'est pas une seule fois prononcé en dépit de la minutie de l'analyse des formes concrètes. C'est donc là que Davis a renié implicitement son modèle de 1905 : le cycle aride devient un cycle de diffusion de l'énergie très semblable au cycle normal (abandon du système aréolaire-ponctuel), la différence entre les deux résidant seulement dans une différence du rapport d'équilibre : (quantité de matériel à transporter/efficacité des processus de transport) qui détermine une modification du style d'évolution des versants. Par ailleurs, les deux types de cycles sont désormais «testés» sur un bâti structural identique : un système de blocs faillés. Les anciennes distinctions entre paysage «linéaire» et paysage «réticulé» s'estompent donc, et disparaitront définitivement dans l'article de 1938 (en réalité 1933) lorsque Davis admet désormais qu'un cycle aride peut se dérouler sous le contrôle d'un niveau de base de type normal (niveau de la mer) (p. 1402). Les différents types de cycles sont donc bien devenus indépendants des contraintes imposées par la présence ou l'absence de niveaux de base général. Et la morphologie cyclique davisienne est pratiquement devenue une étude des conditions de milieu climatique nécessaires à la mise en équilibre des formes, et de leur évolution dans une situation d'équilibre mobile.

Une telle étude comparée nous parait finalement montrer l'extrême continuité qui caractérise l'évolution de l'oeuvre davisienne. On semble être ici en présence d'un système de pensée dont les idées fondamentales (homologie des types de formes, principes d'organisation, étude des «systèmes en équilibre dynamique» (11)) ont été conçues très tôt, d'une manière d'ailleurs sans doute inconsciente, et ont fini par prendre corps à mesure qu'ont été mis au point des modèles (cf l'influence de Gilbert, de Passarge, Bryan ou de Mc Gee) directement applicables à des cas concrets. Comme si ce système géomorphologique davisien s'était développé selon une logique immanente. «Cyclique» ? ou dialectique ?

1. Situation d'équilibre. Les raisons qui nous font préférer l'usage du mot «grade» et la signification précise que nous donnons à ce terme son développées dans Nardy 1974.

2. Pour Davis, il n'y a pas de différence de nature entre le creep du matériel sur un versant, et son transport par un cours d'eau ; et les versants, jusqu'aux lignes de partage des eaux, appartiennent au réseau hydrographique. (1899 p. 267).

3. «...load will be supplied from the sub-aerial valley sides, where weathering of the ordinary kind will ravine the slopes.» (1900 p. 664)

4. «The Basin Range Province ... gives examples of dissected mountains from which descend many withering streams that belong to separate drainage systems of the kind above described, and of basins aggraded with the waste from the dissected mountains» (1905 p. 298).

5. «It is true that the winds, like streams, tend in a general way to wear down the highlands and to fill up the basins» (1905 p. 299).

6. Les «initial uplands» peuvent d'ailleurs être une pénéplaine soulevée.

7. La région aride, avec ses cuvettes, est l'équivalent aréolaire d'un lit de rivière où les dépressions sont assez fréquentes (1905 p. 300) ; et le lit fluvial est lui-même l'équivalent d'une vallée glaciaire avec ses contrepentes (1900 p. 662).

8. La puissance érosive du glacier (fonction de la vitesse et de la pression) est directement proportionnelle à sa taille (1900 p. 668).

9. Le creep des sols épais est caractéristique des versants humides murs ; le ruissellement sur sols squelettiques est caractéristique des versants arides murs (1930 p. 146).

10. Dans cet article, Davis remplace fréquemment l'adjectif «normal» par l'adjectif «humide».

11. Appliquée à Davis, cette expression nous semble, sinon anachronique, du moins non clairement perçue par lui.

BIBLIOGRAPHIE

BRYAN K. (1925) - The Papago Country, Arizona U.S. Geological Survey Water Supply Paper 499, 436 p.

CHORLEY R.J. (1962) - Geomorphology and general systems theory. Geological Survey prof. Paper 500 B, Washington, 10 p.

CHORLEY R.J. - *BECKINSALE* R.P. - *DUNN* A.J. (1973) - The History of the Study of Landforms. Vol. 2 Methuen and Co London, 874 p.

DAVIS W.M. (1954) - Geographical Essays. Johnson (Douglas W.) ed New York Dover publ., 777 p.

Articles précisément cités
1896 : The Outline of the Cap Cod, p. 690-724.
1899 : The Geographical Cycle, p. 249-278.
1900 : Glacial Erosion in France, Switzerland, and Norway, p. 635-689.
1902 : Base Level, Grade, and Peneplain, p. 381-412.
1904 : paru en 1905, Complications of the Geographical Cycle, p. 279-295.
1905 : The Geographical Cycle in an arid Climate, p. 296-322.

Autres articles
1930 : Rock floors in arid and in humid climates Journal of Geology. Vol. 38, pp. 1-27 et 136-158.
1938 : Sheetfloods and Streamfloods Bulletin of the Geological Society of America. Vol. 49, pp. 1337-1416.

GULLIVER F.P. (1899) - Shoreline topography Proceedings of the American Academy of Arts and Sciences. Vol. 34, p. 151-258.

JOHNSON D.W. (1919) - Shore Processes and Shoreline Development Wiley New York, 584 p.

LAWSON A.C. (1915) - Epigene profiles of the desert Univ. of California. Publications in Geology, Bulletin 9, p. 23-48.

NARDY J.P. (1974) - W.M. DAVIS Etude comparée des cycles d'érosion de type Normal et Aride. Cahiers de Géographie de Besançon N° 23, p. 39-62.

DEUXIEME

PARTIE

TECHNIQUES

APPLICATIONS

TECHNIQUES DE MESURE DE LA PERCEPTION DE L'ENVIRONNEMENT URBAIN *

A.S. BAILLY - Université de Besançon
P. MARCHAND - I.N.R.S. Urbanisation de Montréal

Suite à la prise de conscience du problème de la dégradation de l'environnement, de nombreux chercheurs tentent actuellement de mesurer la qualité du paysage ou l'image qu'une personne se crée de son milieu. C'est un travail extrêmement délicat, car les études sont menées sous des angles différents dans les diverses disciplines et les individus ne peuvent être classés de manière rigoureuse. Si certaines méthodes datent des années vingt, la plupart sont postérieures à 1950 et suivies de multiples applications depuis 1960. Notre étude tente de dégager, dans les techniques de mesure, celles qui sont les plus utiles pour d'éventuelles applications.

LES ANALYSES CLASSIQUES DU PAYSAGE

Depuis longtemps la préoccupation majeure des géographes a été d'étudier et de décrire le plus objectivement possible la nature du monde. On se proposait en particulier d'expliquer la concordance entre les éléments physiques et humains et à travers les témoignages de la tradition, les interprétations vécues, la toponymie, les géographes ont tenté de montrer comment le milieu est perçu et divisé (1). Il s'agit de dégager des régions naturelles (2), d'en comprendre les dimensions par des analyses de psychologie collective et au moyen des données historiques et physiques. «Mais Demangeon était très réticent devant certaines formes de l'analyse psychologique ; il la jugeait dangereuse lorsqu'elle conduisait à privilégier des faits de conscience individuelle»... «Ainsi chez la plupart des géographes français, ..., on tient compte des dispositions psychologiques, des faits de perception et de représentation à la condition qu'ils soient collectifs» (3). L'homme est donc considéré comme un élément à l'intérieur d'un groupe sans initiative personnelle, et c'est l'environnement physique et historique qui modèle son comportement. Seul au début du siècle C. Trowbridge (4), dans son analyse de l'orientation, pose le problème des images que se créent

* Ce travail a pu être réalisé grâce à la coopération structurée franco-québécoise par Antoine S. BAILLY, professeur invité à l'I.N.R.S. Urbanisation de Montréal, et par Pierre MARCHAND, assistant de recherche à l'I.N.R.S. Urbanisation.

les individus et du comportement humain. Il introduit en particulier les notions d'égocentrisme et de domicentrisme. Ce pionnier n'est que peu suivi car pour sortir de cet environnementalisme Darwinien il faudra attendre Carl Sauer (5) et sa morphologie des paysages. Le travail du géographe est, dans ce cas, d'analyser la transformation anthropique du milieu physique et ainsi de dégager les grands traits du paysage culturel. L'environnement constitue donc une association de formes physiques et culturelles, ce qui montre bien le rôle de l'homme en tant qu'individu et membre de groupes dans ce façonnement. Le déterminisme physique est également rejeté par des auteurs comme Jean Brunhes (6), Pierre Deffontaines (7) et Max Sorre (8): Ces géographes manifestent un intérêt particulier pour les faits humains, le folklore, la culture et les attitudes ; le milieu peut donc être appréhendé de trois manières, par sa nature, par les modifications qui lui sont apportées et par la manière dont les habitants y vivent. On trouve sous-jacent à cette division les trois grands thèmes de la géographie moderne : analyse objective des structures, étude du comportement et géographie culturelle. Les descriptions régionales de ces auteurs sont de parfaits chef-d'oeuvre, mais les méthodes d'approche sont très diverses et empiriques. De plus le rôle de l'homme diffuseur de la culture, décideur, agent de création de l'espace vécu est négligé de crainte de nuire à une forme d'objectivité, base des études régionales. Pourtant cette description neutre, exhaustive des faits de comportement ne permet que d'expliquer la partie externe de la réalité ; tout ce qui est propre au sujet ne fait l'objet d'aucune recherche (9), le milieu est mieux étudié que les gens.

Il faudra attendre les années cinquante pour que des philosophes, des psychologues, des sociologues s'intéressent au comportement des individus et plus particulièrement à la représentation mentale de l'environnement. Tolman (10), à travers plusieurs expériences, s'aperçoit que les actions humaines ont quelquefois des explications psychologiques profondes. Le comportement mental provient en fait de l'image, mais celle-ci n'est pas observable directement et certains psychologues, Skinner (11) en particulier, n'admettent pas l'étude des images qu'ils considèrent tautologiques.

Cependant des travaux comme ceux de Gibson (12) sur la perception visuelle et de H. Simon (13) dans le domaine du comportement des agents économiques prouvent bien que diverses disciplines tentent d'expliquer le processus menant au comportement. Pour Gibson il s'agit de l'étude des systèmes perceptifs (orientation, audition, toucher, odorat, vision) et de leur rôle dans la perception de l'information. Simon d'autre part remarque que comme la transparence du marché n'existe pas, les individus ont des conduites peu rationnelles et se contentent d'atteindre un certain niveau de satisfaction. Ainsi les schémas classiques de la théorie économique et géographique sont-ils remis en cause. Ce courant de recherche trouve sa première expression véritable dans l'ouvrage de Kenneth Boulding (14) sur l'image. Le comportement résulte de l'image qu'on se fait du milieu, mais le lien entre l'action et l'image est extrêmement complexe. Il ne s'agit pas d'un mécanisme linéaire simple. La perception, qu'elle soit visuelle, tactile, auditive ou olfactive est liée à l'ensemble des facultés de l'individu, mémoire, expériences antérieures, motivations, préférences. Du stimulus à la réponse le processus est extrêmement délicat à comprendre.

Les limites de nos possibilités de perception n'entrainent-elles pas des imperfections dans nos connaissances et par conséquence des comportements peu logiques ? Pour vérifier la validité de ces questions, il devient nécessaire d'appliquer les méthodes de la psychologie aux autres sciences, en utilisant les données propres à chaque domaine (15). Géographes et sociologues en particulier, vont tenter de répondre aux questions suivantes : Quelles sont les principales composantes de l'image ? Comment les éléments constitutifs de l'image sont-ils liés entre eux ? Les images sont-elles stables dans le temps et dans l'espace ? Varient-elles suivant le milieu et les changements de l'environnement ? Y a-t-il un rapport linéaire ou hiérarchique entre image et comportement ? L'image change-t-elle suivant les facteurs culturels, socio-économiques et la personnalité ? Autant de questions auxquelles les études de perception devraient permettre de répondre.

LES ÉCHANTILLONS

La matière de toute enquête sur la perception étant l'individu, il est nécessaire, au préalable, de déterminer qui va être questionné. On utilisera donc un échantillonnage, défini comme la représentation valable d'un ensemble. Cet ensemble peut concerner soit les sujets, soit l'aire analysée. En raison de la longueur du questionnaire, il est rare que les échantillons soient très importants (en nombre de personnes ou en superficie) (16).

Les techniques se situent entre deux extrêmes. Il est possible d'éliminer toutes les sources de variation et de choisir un échantillonnage réduit mais bien défini ; à l'opposé, on peut espérer qu'un échantillonnage vaste représente mieux la population et ses caractères.

Le premier cas est délicat à appliquer car il reflète peu la réalité : quand au second, il suppose une telle quantité d'enquêtes qu'il n'est pas réalisable. Le gros problème est donc de délimiter la zone à étudier puis de minimiser la taille de notre échantillon sans rien perdre de l'information. Faut-il travailler au niveau du quartier, de la ville, de la région ? Cela dépend certainement du type d'étude. En effet l'attitude d'un individu peut être observée à 3 niveaux : attitude vis-à-vis d'un objet, d'une certaine zone, de l'environnement général.

Souvent les personnes enquêtées sont choisies sans raisons précises. Par exemple, les étudiants le sont couramment en raison de leur disponibilité. Pourtant un certain nombre de recherches font appel à des populations bien délimitées (17). R. Downs (18), pour étudier la perception du centre commercial de Bristol, choisit volontairement dans 60 organisations féminines des femmes de plus de 16 ans. Ce type d'échantillonnage n'est pas classique, puisqu'il n'est ni stratifié, ni dépendant du hasard : mais comme le dit l'auteur «il n'y a pas de raison de supposer que ce choix puisse avoir un effet quelconque sur les hypothèses à tester».

S. Karl et E. Harburg, pour comprendre l'influence de la perception sur le désir de déménager, choisissent à Détroit un échantillon de 1000 adultes de 25 à 60 ans, dont 50 % habitent un milieu à niveau socio-économique bas et 50 % dans des quartiers aisés. Ici l'échantillonnage est établi afin de chercher dans quelle mesure la désorganisation sociale et le stress influent sur la mobilité.

W. Clark et A. Cadwallader (19) établissent pour leur part, à l'intérieur de Los Angeles un échantillonnage à probabilité stratifiée rigoureux. La ville est divisée en 10 régions. Dans chacune les groupes de secteurs de recensement sont stratifiés en fonction de la valeur des maisons et du pourcentage de propriétaires, et à l'intérieur des 199 secteurs sélectionnés par les probabilités, deux groupes de ménages sont choisis ; ainsi les auteurs peuvent avoir une population conforme à celle de la zone métropolitaine.

Quant aux sites utilisés, on remarque qu'ils correspondent souvent au lieu de travail ou de résidence des auteurs, cependant la plupart du temps, dans les analyses de milieu urbain, les aires spatiales sont soigneusement choisies, de la rue au quartier et à l'ensemble urbain. W. Clark et A. Cadwalladen par exemple montrent à chaque personne questionnée une carte de la zone métropolitaine de Los Angeles qu'ils ont décidé d'étudier afin de connaître les préférences résidentielles intra-urbaines dans cet espace précis. Sur la carte, pour que l'enquêté, quelle que soit sa résidence à l'intérieur de cette zone, puisse se repérer, le système autoroutier, les montagnes Santa Monica et les noms de 180 communautés sont mentionnées.

1. Ainsi dans les études de perception, la recherche au niveau de l'individu rend possible une investigation détaillée permettant d'obtenir autant d'hypothèses que d'individus ; le travail au niveau du groupe, par généralisation, nous fait perdre une partie de l'information.

2. Cependant les résultats à partir d'un grand nombre (macro-enquêtes) sont plus faciles à tester car il ne s'agit pas de cas particuliers.

3. Ces deux méthodes offrent donc des avantages et il serait peut-être bon d'utiliser un questionnaire général qui permettrait d'isoler le groupe à étudier en détail. Le groupe ainsi défini est homogène (certains paramètres ayant été contrôlés) et les questions sont orientées vers des problèmes précis.

4. En résumé, il existe dans les problèmes de perception des alternatives aux techniques d'échantillonnage classiques.

Pour tester des hypothèses précises, étant donné la longueur des questionnaires de perception et par conséquent leur coût élevé, un petit groupe homogène, isolé en fonction du but de l'enquête, sera préférable à un vaste échantillon. Naturellement la méthode dépendra en définitive du temps et des crédits disponibles pour l'enquête.

LES TECHNIQUES DE PSYCHOLOGUES

Deux approches opérationnelles sont possibles pour le chercheur en sciences sociales.

La première résulte des progrès accomplis par la théorie de l'information (20) qui permet de quantifier l'information psychologique : en étudiant la synthèse des signaux, on tente de comprendre les significations mentales. Cependant souvent cette syntaxe est très éloignée du sens commun et de nombreux chercheurs lui préfèrent une autre approche : celle de la sémantique, dans laquelle la personnalité est définie pour les probabilités d'association de caractères. Par exemple, si la personne considérée est brillante, on peut penser qu'elle est ambitieuse, qu'elle a du succès. C'est Osgood (21) qui va rendre cette approche opérationnelle par la technique de la différenciation sémantique.

Pourtant si cette méthode est aujourd'hui l'une des plus employées elle n'est chronologiquement pas la première.

L'histoire des techniques de mesures des attitudes est relativement récente. C'est Thurstone en 1929 qui lance le mouvement par une étude sur la religion (sur les attitudes envers la religion). Son point de départ est fondé sur deux considérations :

a) les attitudes subjectives peuvent être mesurées par les techniques quantitatives

opinion personnelle → considérations numériques

b) chaque point particulier a la même signification pour tout répondant

Il remarque alors :

- que l'on peut organiser les opinions suivant une dimension «favorable-défavorable» en fonction du sujet.

- que les opinions s'ordonnent de telle manière qu'elles sont équidistantes les unes des autres ; on peut ainsi porter des jugements sur le degré de divergence des différentes attitudes.

- que chaque opinion est indépendante des autres, et que l'acceptation de l'une d'entre elles n'implique pas l'acceptation des autres.

Il formule donc une échelle dont le tableau n° 1 donnera une idée assez précise :

Tableau I

Attitude sur la liberté de logement

Echelle	Opinion
La moins favorable 1.5	A. Une personne doit refuser de louer à quelqu'un qu'elle n'apprécie pas
3.0	B. Les lois fédérales régissant la liberté de logement ne devraient s'appliquer qu'au logement public et non aux secteurs privés
6.5	C. Les gouvernements locaux devraient demander publiquement aux gens d'être honnêtes en matière de logement
6.0	D. Seulement en cas d'extrême discrimination en matière de logement, il devrait y avoir une intervention légale
La plus favorable 7.5	E. Une personne doit louer au premier candidat convenable sans distinction de race, de couleur ou de religion

- L'échelle est composée de vingt affirmations indépendantes sur un sujet particulier.

- Chaque opinion a une valeur numérique déterminée par sa position par rapport à l'ensemble.

- On établit ensuite l'attitude de la personne en lui demandant de noter les éléments avec lesquels elle est d'accord.

- En classant les évaluations, on peut calculer l'échelle moyenne de chaque valeur d'opinion. Sont finalement choisies celles qui présentent le maximum d'accord et qui sont relativement organisées par rapport à l'ensemble suivant des intervalles réguliers.

Cette méthode a été ensuite améliorée par Likert (22) qui procède par «évaluations additionnées». Son échelle s'organise le long d'une série d'opinions sur un sujet quelconque ; il mesure ensuite l'attitude de la personne en lui demandant d'indiquer l'étendue de son accord ou de son désaccord avec chaque point.

Pour établir sa technique de différenciation sémantique, il suppose un espace sémantique, hypothètique sur un nombre inconnu de dimensions, dans lesquelles la signification d'un mot ou d'un concept peut représenter un point.

Comment procède-t-il ? La personne apprécie un concept particulier dans un ensemble d'échelles sémantiques. Ces échelles sont définies par des oppositions de mots avec un point central moyen et sont composées généralement de 7 graduations.

Exemple : Sens donné au concept d'intégration dans l'habitat.

Bon	———————	mauvais
Fort	———————	faible
Rapide	———————	lent
Actif	———————	passif

Une analyse des résultats révèle les dimensions particulières que la personne utilise pour qualifier son expérience, les types de concepts similaires ou différents, et l'intensité donnée à un concept particulier. Osgood détermine ainsi : 3 dominantes d'appréciation :

- facteur d'évaluation (bon ≠ mauvais)
- facteur de puissance (fort ≠ faible)
- facteur d'activité (actif ≠ passif)

On voit cependant mal, même si cette méthode fournit un lot d'informations comment le «sens» du concept est relié aux opinions que la personne émet sur lui.

La différenciation sémantique d'Osgood peut s'appliquer à deux types de variables, de concept et d'échelle. Dans le premier cas ce sont les attributs d'éléments de l'environnement qui sont analysés pour dégager les significations différentes ; dans le deuxième cas, il s'agit uniquement d'un ensemble d'adjectifs bipolaires.

Le travail mené par R.M. Downs (25) est un bon exemple d'application de cette méthode. Cet auteur a étudié le comportement commercial des femmes de Bristol. Pour ce faire il mène 202 enquêtes sur des femmes de plus de 16 ans résidant à Bristol, choisit 36 échelles sémantiques et 7 endroits de localisation. Il étudie une zone commerciale du centre, car les autres zones sont trop dispersées pour que les questions soient comparables. Ensuite une analyse des corrélations et une analyse factorielle permettent de dégager les interrelations.

Il pose comme hypothèse que l'image d'un centre commercial dépend des composantes suivantes :

1. Prix
2. Structure et aspect
3. Facilité de déplacements internes et stationnement
4. Apparence visuelle
5. Réputation

6. Variété des produits
7. Services
8. Heures d'ouverture
9. Ambiance

D'après l'analyse multivariée les facteurs sont divisés en 2 types.

A) Facteurs liés aux établissements commerciaux (38,4 % de la variance).
- Qualité du service (fonction 1) 21,9 %
- Prix (fonction 2) 7,5 %
- Heures d'ouvertures (fonction 3) 5,1 %
- Société et qualité (fonction 6) 4,0 %

B) Structure et fonction du centre commercial (16,4 % de la variance).
- Structure et aspect (fonction 3) 5,8 %
- Circulation piétonne interne (fonction 5) 4,3 %
- Aspect visuel (fonction 8) 3,5 %
- Conditions de circulation (fonction 9) 2,8 %

Cette expérience confirme le rôle de la qualité du service. Leur nombre n'est pas ce qu'il y a de plus important (ce qui contredit la théorie des lieux centraux), mais la qualité prime.

Le prix qui n'arrive qu'en seconde position prouve que la compétition est loin d'être parfaite ; contrairement à ce qu'affirme la théorie économique la transparence du marché n'existe pas. En résumé l'image est complexe car il existe de nombreuses interrelations qui sont souvent en opposition avec les théories classiques. On voit donc l'utilité de la méthode d'Osgood.

Tableau IV

Hypothèses et échelles sémantiques différentielles pour le comportement commercial

D'après R. Downs, «The cognitive structure of an urban shopping center», p. 22, Environment and Behavior, 1970

PRIX	
Compétitifs	Non compétitifs
Nombreuses soldes	Peu de soldes
Bon rapport prix-qualité	Mauvais rapport prix-qualité
Nombreux prix réduits	Peu de réduction de prix
STRUCTURE ET DESIGN	
Design de grande qualité	Mauvais design
Disposition simple	Disposition complexe
Planifié pour les clients	Pas planifié pour les clients
Trottoirs larges	Trottoirs étroits
FACILITÉ DES MOUVEMENTS INTERNES ET DU STATIONNEMENT	
Rues faciles à traverser	Rues difficiles à traverser
Facilité de stationnement	Stationnement difficile
Pas d'encombrement	Encombrement
Déplacements à pied faciles	Trottoirs étroits
APPARENCE VISUELLE	
Magasins bien entretenus	Magasins mal entretenus
Rangé	Dérangé
Propre	Sale
Attrayant	Repoussant
REPUTATION	
Bonne réputation	Mauvaise réputation
Bien connu	Méconnu
Populaire	Peu populaire
A recommander à ses amis	A déconseiller
VARIÉTÉ DE PRODUITS	
Bon choix	Mauvais choix
Variété	Faible variété
Bien approvisionné	Mal approvisionné
Me satisfait	Ne me satisfait pas

SERVICE	
Utile	Inutile
Aimable	Désagréable
Bon service	Mauvais service
Poli	Grossier
HEURES D'OUVERTURE	
Ferme tard	Ferme tôt
Bonne heure d'ouverture	Heure d'ouverture peu commode
Agréable pour faire ses achats le soir	Peu agréable pour les achats du soir
Toujours quelque chose d'ouvert	Toujours quelque chose de fermé
ATMOSPHERE	
Active	Inactive
Relaxation	Tension
Personnel	Impersonnel
Amical	Inamical

Cette technique présente quelques lacunes comblées par la méthode de la grille répertoire. Il s'agit tout d'abord de choisir les éléments du questionnaire, attributs caractéristiques de l'environnement, d'objets particuliers ou de personnes ; ils doivent être comme dans les autres techniques représentatifs du problème envisagé. On met alors le sujet en présence de trois éléments et il fait un choix sur celui qui, à son avis, est différent des autres.

Si nous sommes par exemple intéressés à la perception des lieux fréquentés d'une ville, nous pouvons sélectionner la mairie, un centre commercial, la gare et la résidence. L'enquête doit chaque fois mentionner parmi les diverses combinaisons de trois de ces éléments celui dans lequel il se rend le plus souvent. En général, la grille est plus complexe (nombreux éléments) et l'étude des liens entre le choix des individus et leur comportement devient la partie essentielle du travail.

On compare les individus en construisant une matrice à partir de toutes les grilles et elle est soumise à une analyse en composantes principales afin de découvrir dans quelle mesure, pour des groupes, les éléments chargent les mêmes composantes.

Cette technique simple suppose cependant des oppositions qui n'existent pas toujours entre les éléments. Bannister et Mair (26) pensent qu'un classement ou un rangement en catégories serait mieux adapté à l'étude de la perception. Mais à ce niveau, il faut encore compter avec le problème de la subjectivité des classements.

Ainsi, ces méthodes permettent-elles de comparer les réactions, de mesurer les interprétations et de dégager des propriétés particulières sous forme de système quantitatif. On peut essayer de diversifier les techniques d'approche étudiées plus haut ; par exemple les adjectifs de la méthode des attributs opposés pourraient être remplacés par des photographies, des dessins ou des symboles.

DIVERSES MÉTHODES : DESSINS - PHOTOGRAPHIES - SYMBOLES - CARTES

Pour améliorer l'observation, de nombreux auteurs ont ajouté des compléments à la simple question orale.

Les dessins et cartes (K. Lynch : l'image de la ville (27)), les diapositives (J. Sonnenfeld dans ses études sur l'Artique (28)) et les symboles (Robert Beck : Spatial meaning and the properties of the environment (29)) constituent des méthodes originales.

Afin d'en éclairer l'emploi, quelques exemples ont été choisis parmi les travaux les plus révélateurs. Pourtant avant d'entrer dans leur description, il nous faut parler d'une étude effectuée en France (à Caen et Hérouville) et en Allemagne (à Eisenheim et Bielefeld) par B. et H. Dardel, K. et V. Rehbock, et K. et D. Schlegtendal (30). Leur observation de la ville est à la base de toute recherche plus poussée : il s'agit ici de l'expérience directe qui veut être un moyen rapide d'appréhender et de représenter la qualité d'un espace.

La méthode «traite avant tout de micro-structures et l'analyse porte sur les relations entre socio-économie, architecture (forme et structure), activité et comportement» (31).

D'une manière plus générale, c'est une méthode d'observation de personnes ou d'un groupe : on comptabilise alors les gestes, les regards, les divers mouvements ou actions et on enregistre la discussion des gens. A ce travail il est également possible d'adjoindre une exploration simulative, qui contraste avec l'exploration libre de l'environnement : elle est alors simulée par des projections de dispositives ou par des films ; mais cela limite alors la richesse de l'environnement originel. Ces techniques de laboratoire sont souvent utilisées par les psychologues, cependant elles présentent des difficultés pour le regroupement et l'interprétation des signes et des données en rapport avec le monde réel.

On peut alors essayer d'utiliser un paysage symbolique : les photographies. J. Sonnenfeld (32) applique la méthode d'Osgood en utilisant une série de 50 diapositives en couleur qui s'opposent par paires pour comprendre les paysages préférés des Esquimaux de l'Arctique. Les données sont ensuite traitées à l'ordinateur pour dégager les composantes principales des préférences. Les photos sont intéressantes pour établir une différence entre «perception consciente» et «perception inconsciente». R. Ledrut note d'importantes discordances entre les descriptions de la ville (discours conscient, mais conditionné) et les réactions spontanées devant des photos qui révèlent l'inconscient (33).

On peut pourtant se demander dans quelle mesure des photographies en noir et blanc, ou bien même en couleur, représentent un paysage de manière fidèle. La plupart des auteurs ne mentionnent pas la manière dont ils ont sélectionné leurs photographies (34). G. Peterson (35) constitue une exception puisqu'il travaille au second degré en utilisant les techniques de régression et d'analyse factorielle (36) pour extraire des facteurs importants, employés ensuite pour le choix de nouvelles photographies. Cependant leur choix reste arbitraire et forcément limitatif, on ne peut en effet tenir compte de tous les cas particuliers. C'est le chercheur qui décide, or les interprétations enquêteur-enquêté sont souvent différentes. Dès ce départ la réalité est donc tronquée puisque la liberté de conception de l'enquête n'existe pas.

Le problème est semblable pour la méthode des symboles de R. Beck (37). Empruntée aux psychologues par l'auteur (38), cette technique sert à définir la représentation mentale de l'espace. Il l'applique à 611 sujets de diverses classes d'âges qu'il a choisis au travers des Etats-Unis : enfants, adolescents du Midwest, psychologues professionnels, travailleurs et étudiants (Tableau V). Utilisant initialement 67 paires d'images, réduites à 50 significatives, 17 d'entre elles n'ayant jamais été rattachées à aucun groupe, il invite les sujets à choisir dans chaque paire le symbole que ces derniers préfèrent.

Fig 1

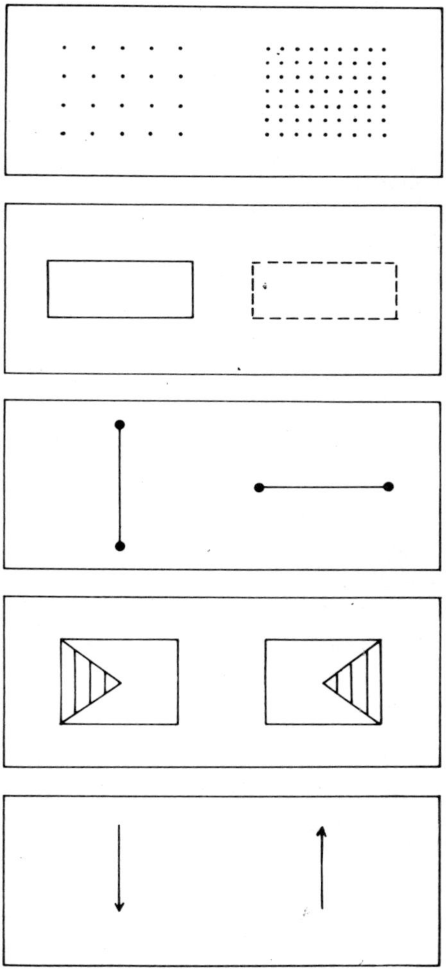

Exemple a

Exemple b

Exemple c

Exemple d

Exemple e

Tableau V

Distribution de l'échantillonnage total

Groupe d'âge	Nombre
5 - 6	66
9 - 10	66
13 - 14	57
17 - 18	58
	247

Occupation	Nombre
Psychologues	231
Assistants sociaux	114
Géographes	19
	364

Population totale = 611

Sa typologie spatiale est différente de celle de D. Lowenthal, les symboles représentent ici les cinq facteurs suivants, (voir figure 1), en opposant

- l'espace diffus à l'espace dense : éparpillement, compression (exemple a)
- l'espace fermé à l'espace ouvert : limite ≠ liberté (exemple b)
- la verticalité à l'horizontalité (exemple c)
- la droite et la gauche sur un plan horizontal (exemple d)
- haut et bas sur un plan vertical (exemple e)

Les résultats obtenus permettent à l'auteur de remarquer que les différences de professions, de groupe d'âge et de sexe influent nettement sur les significations mentales que l'on se fait de l'espace. Il note néanmoins qu'il serait utile de pousser plus loin l'élaboration et la classification car même si la méthode est originale, l'emploi de photographies ou de questions permet de dégager des composantes semblables. On peut donc se poser le problème de la valeur d'une telle démarche d'autant plus que l'utilisation de symboles est toujours délicate : d'une part il n'y a pas toujours véritable opposition (figure 2)

Fig. 2

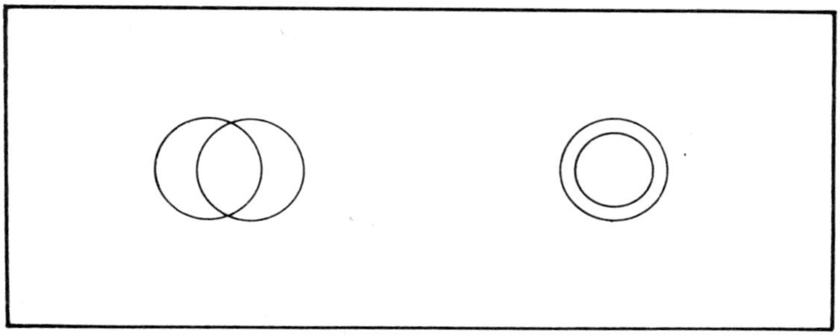

et le répondant doit faire un choix ; d'un moment à l'autre le fait-il de la même manière ? D'autre part un symbole, contrairement à une photographie est culturel et ne représente jamais quelque chose de vécu : alors que l'on apprécie ou non un type de paysage, on n'en connait pas les raisons symboliques.

Photographies et symboles sont donc, comme on l'a mentionné plus haut, des moyens d'approche subjectifs en fonction du choix fait par le chercheur. D'autres auteurs, pour compléter leur interview, préfèrent alors utiliser la technique de cartes : au travers de dessins effectués par l'enquête, on tente d'appréhender la notion d'espace urbain.

Voyons trois exemples précis afin de concrétiser cette méthode. Comment les personnes structurent-elles la ville ? K. Lynch en 1960 avait déjà envisagé le problème dans ses études sur Los Angeles et Jersey City. L'image de ces deux villes est organisée à partir du plan orthogonal dans le premier cas et à partir des grands axes routiers et de la vue de Manhattan dans le deuxième.

D. Appleyard (39), dans une étude sur quatre villes du Venezuela (Puerto Ordas, Castillito, El Roble et San Felix) emploie la méthode cartographique. Dans chaque zone, il sélectionne 75 secteurs et établit un échantillonnage représentatif de l'âge, du sexe et de l'éducation de la population, procède ensuite par questions, afin de placer les points de repère des individus en leur demandant de dessiner leur carte de la ville comprenant tous les éléments auxquels ils peuvent penser (hôpitaux, marchés, commerces, églises, écoles, police...).

Les résultats permettent de distinguer deux catégories de cartes : celles utilisant des éléments séquentiels, comme les routes, et celles marquées par des éléments spatiaux tels que les bâtiments et les repères (voir figure 3).

Détaillons les résultats : éléments séquentiels	% des cartes
- fragments de chemins	8

Fig. 3

TYPES DE CARTES

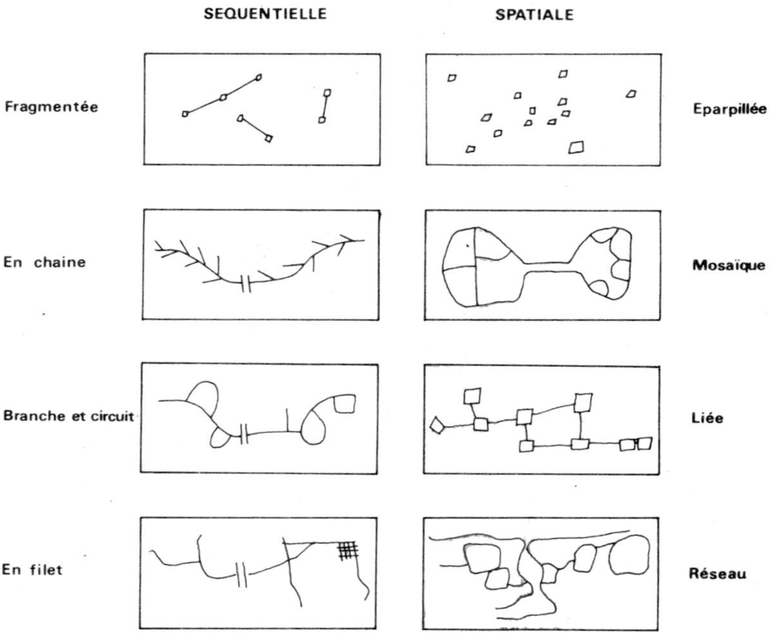

D'après: Planning urban growth and regional development. 1969. Lloyd Rodwin and Associates. p. 437

Détaillons les résultats :	éléments séquentiels	% des cartes
	- fragments de chemins	8
	- chaîne continue de chemins	13
	- branches et circuits	21
	- réseau complet schématique	15
	éléments spatiaux	
	- quelques noms, bâtiments éparpillés	11
	- limites schématiques et divisions	4
	- places et districts liés par réseaux	5
	- réseau complet de places liées	1

La présence des éléments séquentiels et spatiaux, malgré les multiples erreurs de localisation, permet de dégager les éléments essentiels de la structure de la ville. Ces séquences correspondent d'ailleurs aux chemins et aux noeuds que K. Lynch avait notés dans l'image de la ville. Dans l'ensemble des résultats, le séquentiel domine et les limites schématiques, les places, les bâtiments ne sont pas aussi souvent mentionnés. Les enquêtés ont tendance à dessiner des réseaux correspondant à leur connaissance du milieu urbain.

Cependant, d'autres notions, comme celle de la forme, de la visibilité et de la signification permettent également de structurer la ville. Les zones à caractères physiques semblables (forme) sont souvent regroupées et, quand la visibilité est mauvaise, les cartes sont souvent peu précises. La familiarité avec le milieu (utilisation et signification) permet de dresser des cartes plus précises. Par contre 80 % des nouveaux arrivés produisent des cartes séquentielles, souvent peu continues, et l'éloignement de l'aire d'habitat entraîne une imprécision croissante dans la cartographie. Le mode de déplacement influe également : on remarque une opposition entre les utilisateurs des transports en commun, car 80 % d'entre eux ne peuvent établir de carte cohérente, et les automobilistes dont les cartes sont plus vastes et possèdent un système cohérent et continu.

Ces cartes présentent une signification sociale et fonctionnelle nette : les associations de voisinage de même niveau se retrouvent au niveau de la cartographie et les gens structurent la ville de manière schématique en rapport avec leurs connaissances antérieures. Ils interprètent leurs expériences précédentes, qu'elles proviennent du même milieu ou d'un autre environnement ; l'exemple de l'ingénieur qui ajoute une voie de chemin de fer encore inexistante pour atteindre le port reflète ce type d'image.

D'après ces résultats D. Appleyard dégage trois méthodes possibles pour l'interprétation des cartes. Par association de repères physiques, fonctionnels

humanisé : c'est la méthode d'association. L'étude de la continuité des réseaux, des chemins, des jonctions entre les lignes permet de saisir l'étendue de l'image de la ville connue par les enquêtés : il s'agit de la méthode topologique. Enfin la méthode positionnelle, en insistant sur les éléments spatiaux, donne une idée de la situation des enquêtés de la direction et de la distance de leurs déplacements.

La méthode cartographique, ainsi approfondie, donne des résultats intéressants sur l'image et le comportement des individus dans une ville. Elle peut être également utilisée au niveau du quartier ou de la rue. Florence Ladd (40) se base sur les analyses de T. Lee (41) pour travailler sur des unités de voisinage. Le quotient de voisinage développé par Lee correspond à une aire d'un demi mille de côté autour de la résidence car les gens ne délimitent pas leurs quartiers en terme de population, mais en tant qu'espace. Cette notion fondamentale est contraire à celle des urbanistes qui définissent souvent les aires de voisinage par des seuils de population.

Pour vérifier la validité du quotient de voisinage dans les secteurs de ghetto, F. Ladd choisit 60 adolescents noirs de familles pauvres (moins de 4000 dollars par famille et par an) dans les quartiers Rosebury et North Dorchester de Boston ; il s'agit d'une zone résidentielle constituée de bâtiments datant de 1890-1910 et entrecoupée de lots vacants. Des commerces appartenant à des noirs se trouvent à 500 mètres environ.

La description verbale du paysage, ponctée de questions sur la connaissance de la ville, est enregistrée pour chaque personne et complétée par un dessin du voisinage sur lequel le lieu de résidence doit être impliqué. Pour l'analyse statistique F. Ladd essaie de développer quatre catégories en tenant compte de la forme des éléments constitutifs des dessins : carte grossière, schématique, ressemble à une carte, constitue une carte. Il n'y a pas de relation entre la dimension du voisinage et la durée de la résidence ou la distance de la résidence à l'école. Les noms des rues se trouvent souvent mentionnés même s'ils sont mal écrits ou notés en orthographe phonétique. De nombreuses cartes portent des points de repères : bâtiments commerciaux, églises, écoles, chemin de fer, parcs, zones de récréation, lots vacants. Dans le choix de ces repères la personne effectue une sélection susceptible d'indiquer des préférences ou des lieux remarqués.

La plupart des cartes portent des limites traduisant une signification pour l'intérieur ou l'extérieur du quartier. Mais la comparaison des deux méthodes (enquête directe - carte) montre que l'interview est supérieure au dessin car elle permet de dresser des associations ou des oppositions entre les termes choisis, et de faire des recherches sémiologiques. Ainsi la signification sociale des espaces peut-elle être mieux approfondie par les questions directes. De plus, selon Piaget et Inhelder (1956) (42) le dessin évolue en fonction de l'âge: de 4 à 7 ans les éléments ne sont pas localisés par manque du système de référence, l'idée d'espace organisé n'apparaissant que plus tard.

Cependant les résultats restent intéressants pour connaître ce que voient et ce dont se souviennent les gens : la comparaison description verbale - dessin est alors nécessaire.

Alain Metton et Michel Jean Bertrand dans un article sur la perception de l'espace urbain (43), concentrent leur enquête sur les enfants et les adolescents. Ils postulent qu'étudier cette perception en fonction de l'évolution de l'enfant à l'adolescent puis à l'adulte les amènerait à mieux appréhender la notion de quartier chez l'adulte. Ils réunissent ainsi 1700 enquêtes. Procédant à l'étude de ces documents, ils essaient d'améliorer les méthodes d'analyse statistique en mettant au point des procédés nouveaux de codification, de quantification. Cet approfondissement les conduit à une classification des modalités de la perception et à une traduction quantitative des dessins effectués par les enfants. Chaque quartier est caractérisé par :

1. un indice de forme
2. un indice de taille
3. un indice de centration

qu'ils représentent sur un graphique semi-circulaire (figure 4).

Ces trois critères permettent ainsi de définir l'organisation du quartier. Sa forme est le rapport de l'axe secondaire à l'axe principal : plus le quartier est circulaire plus l'indice tend vers 1, plus il est linéaire, plus l'indice tend vers 0. Sa taille est mesurée par la surface résultant du produit de la longueur de l'axe principal par la longueur de l'axe secondaire ; enfin, on peut déterminer la centration du domicile à l'intérieur du quartier : plus le domicile est décentré plus l'indice tend vers 1, plus il est centré, plus l'indice tend vers 0.

Les cartes apparaissent donc comme un outil de base nécessaire en particulier pour déterminer les éléments séquentiels et spatiaux ; de plus elles permettent de saisir la continuité des réseaux, les points de repères, la forme, la structure, la taille du quartier, les associations sociales et physiques et les modalités de la perception. Cependant il faut rester prudent dans leur interprétation en fonction des sujets questionnés : rappelons ici simplement la difficulté de quantification ou de classement qu'éprouvent les enfants (44).

Ce tour d'horizon des diverses méthodes d'étude, s'il contribue à mieux nous en faire connaître les possibilités, nous montre également la complexité du sujet. Il ne s'agit pas tant des difficultés d'élaboration de la méthode mais de l'application aux individus.

Ces techniques sont donc nécessaires à la compréhension des structures et indirectement de l'image que se créent les gens de la ville. Cependant, à elles seules, elles sont incomplètes. Le dépouillement quantitatif des données reste délicat, en raison du problème de la délimitation des catégories, de l'interprétation des cartes, et du choix arbitraire des photographies et des symboles, autant de difficultés qui impliquent un complément logique par les questionnaires et l'observation directe qui permet d'appréhender le comportement des gens sans les déranger dans leurs habitudes.

Représentation graphique de l'image du quartier

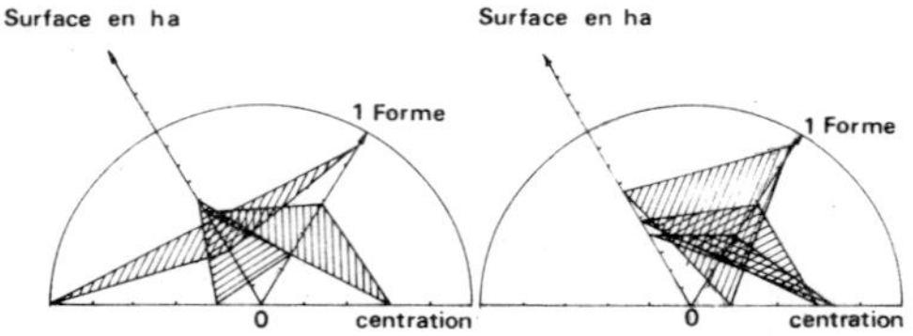

D'après : A. Metton et M. Bertrand. De l'enfant à l'homme. L'Espace Géographique.4. 1972. p. 285

LES PROBLEMES SOULEVÉS PAR LES TECHNIQUES DE MESURE

Les techniques des psychologues, qu'elles utilisent le langage, le dessin ou les photographies, supposent que les images mentales sont liées de manière conceptuelle au comportement. Cependant entre ce que l'homme dit et ce que l'homme fait, il existe des différences notables. Or les travaux menés par les psychologues s'attachent plus spécialement aux réponses théoriques qu'aux actes et à l'origine des schémas mentaux, et seule une décomposition du processus de la formation de l'image au comportement par le biais de la mémorisation permet de saisir les raisons de la structuration personnelle de l'espace.

Dans deux descriptions pénétrantes du paysage anglais, Lowenthal et Prince (45) montrent à partir du paysage et de la littérature, la passion des habitants pour la campagne, les formes pittoresques, les ornements. Ces articles sont plus suggestifs qu'analytiques, mais cette nouvelle approche permet de comprendre le rôle des interactions entre le paysage visuel et les attitudes humaines. Il est donc nécessaire de conceptualiser les images mentales, qui n'ont pourtant pas de forme physique. Pour développer une théorie de l'image, deux méthodes sont possibles : soit on pose des hypothèses sur le processus perceptif que l'on soumet à des tests empiriques, soit on utilise des théories déjà vérifiées pour tenter des applications.

G. Kelly (46) applique la première démarche dans le domaine de la psychologie interpersonnelle. Il considère le chercheur scientifique comme un modèle du fonctionnement humain. Par ce biais il compte découvrir des analogies entre la vie réelle et la méthode scientifique, car les individus construisent leurs propres modèles conceptuels qui guident leur comportement. Kelly ne prétend pas que ce modèle s'applique à tout le monde, car les actions de nombreuses personnes manquent d'objectivité et de rigueur, mais il peut correspondre au comportement d'une majorité d'entre elles. Comme seconde hypothèse, Kelly pense qu'une personne organise l'environnement perçu par discrimination. C'est-à-dire que le milieu est caractérisé par des attributs que chaque personne classe sur une échelle bipolaire très contrastée. Mais l'échelle basée sur l'expérience individuelle est construction personnelle. Cette construction mentale bipolaire peut être hiérarchique, et dans ce cas la présence d'un pôle de niveau supérieur entraîne la présence de tous les autres (Bruner et al 1958 (47)), ou simplement dimensionnelle à un seul niveau ; et c'est à partir de cette première démarche que se prépare la deuxième, qui peut être expliquée sous forme de schéma : (figure 5).

Informations provenant de divers modèles déjà vérifiés - hypothèses nouvelles

↓

Sélection de données pour tenter de nouvelles applications - Echantillonnage des individus et de l'espace

↓

Analyse des données choisies pour découvrir les relations entre les distributions (co variance)

↓

Développement de nouvelles hypothèses pour ramener le problème à quelques variables (test pour signification statistique)

↓

Nouveaux modèles de perception mieux structurés

↓

Eventuellement valeur générale pour en faire un modèle prévisionnel

figure 5

C'est ce type d'étude que mène par exemple R. Johnston (48) lorsqu'il traite des cartes mentales de Christchurch (Nouvelle-Zélande) Des modèles et de nombreuses observations ont montré que les migrations intra-urbaines sont en général orientées vers l'extérieur des villes. Pour vérifier ce phénomène il choisit 50 étudiants et 120 ménages qu'il questionne sur la «désirabilité» résidentielle. Les résultats confirment les travaux précédents, mais permettent également de dégager des corrélations étroites entre statut et «désirabilité». Le problème se ramène donc essentiellement à deux variables et un modèle plus simple peut être élaboré.

Les comparaisons entre les diverses études restent toujours délicates, car le milieu ne peut être considéré comme un laboratoire homogène (49). Pour confronter diverses expériences directes, il faut avoir recours à un système d'échelles de mesure. Une image mentale ne peut être définie de manière simple, elle est caractérisée par un certain nombre d'attributs. Leur mesure suppose l'attribution de nombres à chacun d'entre eux. Ces chiffres choisis par le sujet ou l'enquêteur, sont utilisables à condition qu'il y ait équivalence entre les propriétés empiriques et les échelles numériques. Comment connaître l'échelle la mieux appropriée aux images mentales ?

Les chapitres III et IV ont décrit les diverses méthodes : le sujet peut répondre en termes qualitatifs et l'enquêteur note la fréquence des réponses (50), dans un autre cas le sujet coche des valeurs numériques. Les réponses ainsi quantifiées sont alors classées par rang, par intervalle ou par taux (51). A. Wessman (52) utilise, par exemple, la méthode d'Osgood pour comparer les variables expliquant la satisfaction de l'environnement à Détroit. Le fait d'être malheureux dans la question «en pensant à votre vie actuelle, en général êtes-vous très heureux ... malheureux ? » est seulement faiblement correlé avec la dissatisfaction du voisinage (R = -0,24) et avec le désir de déménager (R = -0,22). De même le fait d'être souvent nerveux n'a que peu de rapport avec un voisinage peu sûr (R = 0,06) ce qui peut être surprenant. Ces comparaisons permettent à A. Wessman de proposer le schéma comparatif suivant (tableau VI).

Cette méthode de comparaison par les corrélations est semblable à celle de P. Gould (53). Les personnes enquêtées classent leurs préférences pour divers lieux géographiques, puis une matrice de corrélation est élaborée pour dégager les régularités avant de trouver par analyse multivariée les composantes indépendantes.

Cependant, en posant comme hypothèse «tout le reste étant égal», on peut se demander si les réponses correspondent à la réalité et si elles sont comparables, l'expérience d'un individu étant unique à chaque instant ; ceci d'autant plus que, selon B. Ellis (54), lorsqu'on mesure des entités non physiques, il est impossible de définir des attributs aussi précis que ceux des objets, W. Torgerson (55) avait également constaté que la méthode des intervalles ne donnait pas des résultats liés de manière linéaire avec les techniques des rangs et

Tableau VI

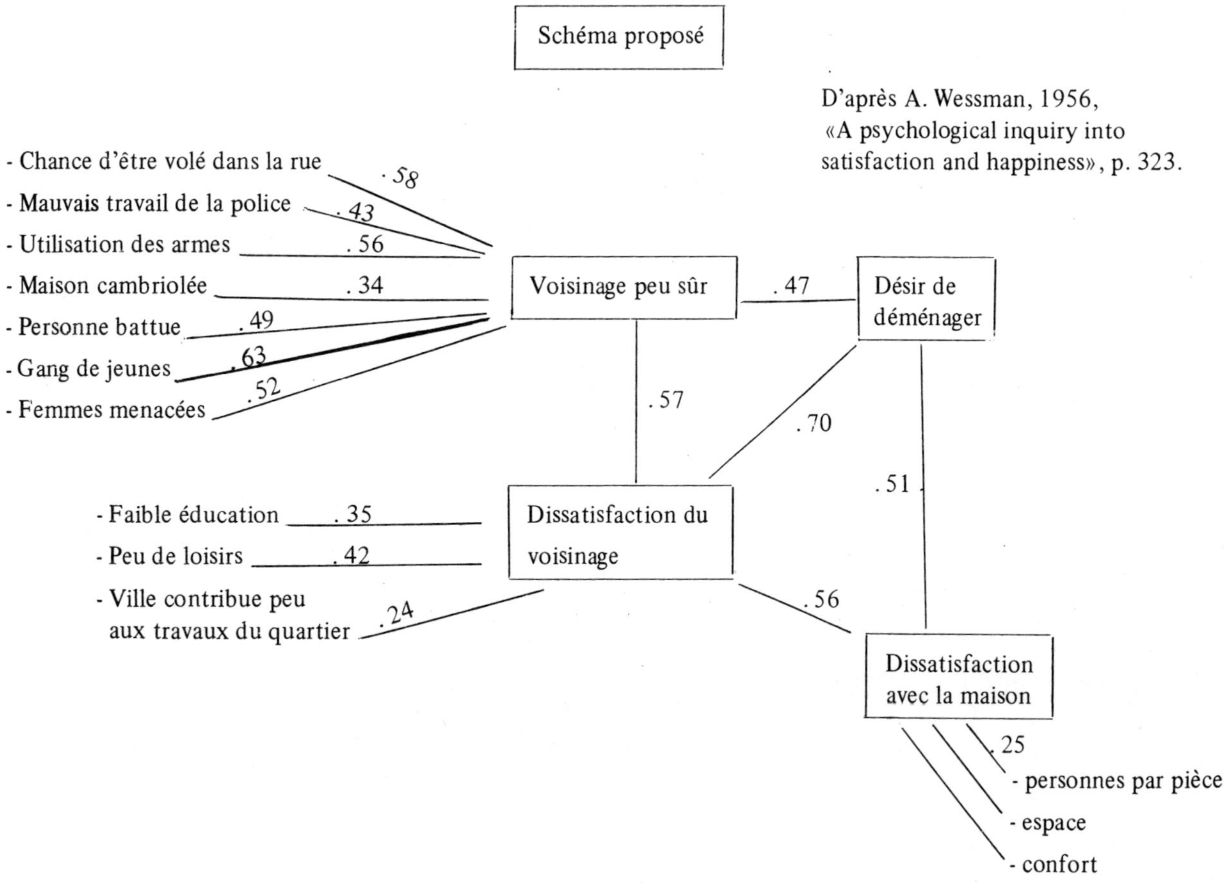

D'après A. Wessman, 1956, «A psychological inquiry into satisfaction and happiness», p. 323.

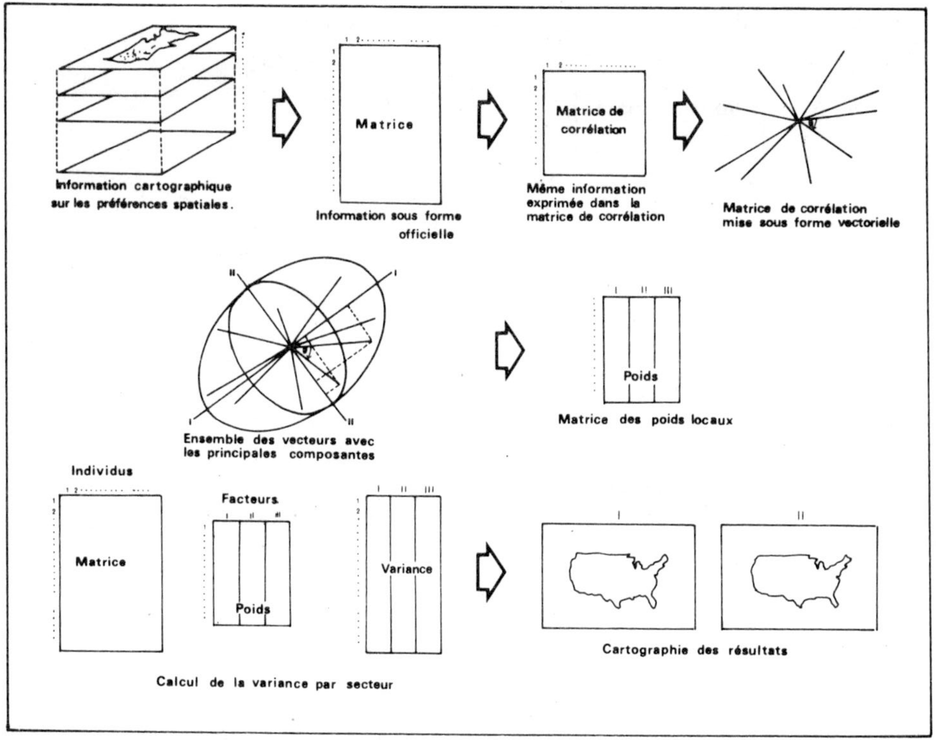

D'après P. Gould. On mental maps. University of Michigan. Sept 1966.

Fig 6

des taux. Pourtant à la réflexion on s'aperçoit que les disparités ne sont pas aussi marquées qu'elles le paraissent : même si la relation entre les réponses n'est pas linéaire, l'information contenue est semblable. L'expansion du volume de mercure et la notion de température sont par exemple liées de manière linéaire. Une liaison non linéaire serait d'ailleurs également possible et, dans ce cas, l'échelle n'aurait pas un rapport linéaire avec les degrés, mais elle fournirait une information similaire. Les méthodes, bien que les hypothèses de base rendent les questions un peu artificielles, sont donc comparables. Les travaux de Stevens (56) et Waller (57), montrant que les personnes sont dans l'ensemble d'accord sur les échelles de préférence de certains phénomènes abstraits, confirment le résultat. Il ne faut cependant jamais oublier qu'un changement net des conditions du milieu modifie les données et qu'il faut recourir à une autre enquête, preuve de l'unicité temporelle des résultats (58).

De plus, en raison de la variété des éléments composant le processus perceptif, la part du hasard est importante. Certains auteurs préfèrent raisonner en termes de probabilité, plutôt que par une simple méthode de classement. En effet, certaines personnes sont conservatrices dans leurs réponses et leurs actions, alors que d'autres prennent plus de risque. On peut seulement se «satisfaire» d'un paysage ou tenter «d'optimiser» sa vision, démarche qui engendre une variété des images et des comportements qu'un classement simple ne reflète pas. On a donc tenté d'appliquer la théorie des jeux aux problèmes de perception et de comportement.

L'un des premiers travaux faits dans ce sens est celui de T. Saarinen (59) sur 6 comtés des grandes plaines américaines ; son but était de trouver la probabilité que les fermiers établissaient du risque de sécheresse. Les estimations sont réduites par rapport à la réalité, les hommes tendant à oublier les sécheresses précédentes. L'image n'est donc pas conforme aux faits, sauf lorsqu'une crise majeure rappelle les expériences antérieures. Ainsi la décision de cultiver, ou pour prendre un autre exemple, de s'installer dans un quartier résulte d'une perception incomplète du milieu. La localisation est plus le résultat du hasard que d'une connaissance parfaite de la ville.

Pour décrire les implantations humaines, on peut utiliser les techniques stochastiques, comme la méthode de Monte Carlo (60). La simulation commence par l'hypothèse qu'un citadin connait des lieux où il est agréable de résider. Les proches voisins ont plus de chance qu'il leur parle de ce fait que ceux qui sont éloignés. C'est ce qu'on appelle le champ de communication de l'information. Il peut être transcrit sous forme de matrice de probabilité. Plus on est proche du centre de la matrice plus on a de chance d'être informé, donc d'avoir une image de ces quartiers agréables. En utilisant une table de hasard on peut, étape par étape, prévoir la diffusion de l'idée (61).

Ainsi, ces modèles descriptifs, s'ils s'attachent plus au comportement qu'à l'image, permettent indirectement de comprendre les processus perceptifs. Les effets de filtre entre la réalité et l'action expliquent l'imperfection de l'information.

L'ANALYSE MULTIVARIÉE

Devant la multiplicité des attributs de l'image, surtout si l'enquêteur se situe au niveau des individus pour ne pas trop réduire l'information, il est nécessaire d'utiliser des méthodes multivariées. Cependant, toutes les informations ne peuvent être utilisées car d'après Nunalley (62) si on utilise le coefficient de corrélation de Spearman considéré pourtant comme un test paramétrique, on ne peut utiliser que des données classées par rang (63). La méthode d'Osgood, avec un classement de 1 à 7 et des intervalles considérées comme égaux, présente donc parmi d'autres un avantage certain, ce qui motive son emploi fréquent.

L'emploi de l'analyse factorielle suppose également que les variables ne présentent pas une hiérarchie d'importance. Avec des données équivalentes, cette technique permet de réduire l'information à un petit nombre de variables classées par rapport à de nouveaux axes, de trouver des structures et de simplifier l'information.

Ainsi, à la suite d'enquêtes fournissant un grand nombre de données, l'analyse factorielle est particulièrement efficace pour dégager les facteurs expliquant un fort pourcentage de la variance, et saisir certaines constantes malgré la multiplicité des interprétations.

Le diagramme de Peter Gould (64) (figure 6) dans l'étude qu'il a menée aux Etats-Unis, en Europe, en Afrique sur les cartes mentales se révèle excellent pour synthétiser et clarifier l'analyse factorielle.

Même si chaque individu peut être considéré comme unique, une partie de nos opinions est partagée par divers groupes ; l'image est à la fois unique et commune. L'analyse factorielle nous permet de dégager ce qui est partagé. L'auteur procède par classement de préférences pour divers lieux (tout le reste étant égal) et établit une matrice des corrélations puis dégage des composantes indépendantes. L'étude, commencée en 1966 et présentée en 1972 sous forme de huit rapports (65), par D. Lowenthal et M. Riel sur les attitudes du public devant différents types d'environnement suit une méthode semblable. Cette recherche se révèle comme l'une des plus complètes, tant en ce qui concerne le nombre de villes analysées que le nombre d'enquêtes effectuées et la méthodologie utilisée.

Quatre villes ont été choisies, New York, Boston, Cambridge (Mass.) et Colombus (Ohio) que 300 observateurs d'âge, de sexe, d'occupation, d'éducation et d'habitudes résidentielles différents ont traversé à pied le long d'axes d'environ 800 mètres. A New York six secteurs seulement sont analysés, pour 10 dans les autres villes.

La technique d'enquête est très simple, il s'agit sur une échelle en 5 points de classer les 25 attributs ci-dessous :

1. naturel - artificiel
2. contraste - uniforme
3. gens - choses
4. laid - beau
5. apparence extérieur - signification profonde
6. puant - sans odeur
7. vertical - horizontal
8. ordonné - chaotique
9. en déplacement - sans mouvement
10. doux - rude
11. pauvre - riche
12. ouvert - fermé
13. ennuyant - intéressant
14. ancien - nouveau
15. calme - bruyant
16. agréable - terne
17. conscience de soi - conscience de l'ambiance
18. plaisant - déplaisant
19. pour activités d'affaires - à usage résidentiel
20. propre - sale
21. dense - vide
22. suburbain - urbain
23. traits individualisés - vue d'ensemble
24. aime - n'aime pas
25. sombre - clair

Six attributs sont liés aux sentiments et préférences tandis que dix-neuf reflètent les caractères principaux de l'environnement tel que l'homme l'appréhende. En plus de ce classement les observateurs indiquent les traits les plus marquants (en utilisant les mots de la liste), décrivent librement et sont interrogés sur le secteur étudié.

Le résultat est doublement positif ; non seulement il permet à D. Lowenthal et M. Riel de tirer des conclusions sur l'environnement des quatre villes mais aussi sur les catégories d'observateurs et surtout sur les rapports enquêteurs-milieu ; le tableau ci-dessous nous montre les principales associations :

Jugement	*Traits du milieu*
Intéressant	Ordonné - doux - riche - clair
Nouveau	Sans odeur - ordonné - riche
Calme	Sans odeur - ordonné - propre
Ouvert	Clair - naturel - intéressant

Une analyse factorielle des jugements des observateurs, avec rotation varimax permet de dégager 6 facteurs qui expliquent 63,9 % de la variance totale (66).

Tableau VII

Facteur 1		*Facteur 2*		*Facteur 3*	
(27 % de la variance de la matrice)		(11,87 % de la variance de la matrice)		(6,28 % de la variance de la matrice)	
Beau	-0,91[1]	En déplacement	0,81	Uniforme	0,66
Riche	-0,91	Bruyant	-0,78	Traits individualisés	0,58
Propre	0,87	Pour activités d'affaire	0,68	Dense	0,61
Plaisant	0,81	Gens	0,66	Naturel	0,30
Sans odeur	-0,79	Chaotique	-0,50	Vieux	0,30
Aime	0,77	Urbain	-0,33		
Doux	0,73				
Agréable	0,69				
Ordonné	0,63				
Clair	0,59				
Nouveau	0,58				
Intéressant	-0,48				
Ouvert	0,32				
Facteur 4		*Facteur 5*		*Facteur 6*	
(7,19 % de la variance de la matrice)		(5,86 % de la variance de la matrice)		(4,08 % de la variance de la matrice)	
Horizontal	-0,66	Conscience de soi	0,73	Apparence extérieure	0,82
Ouvert	0,62	Ennuyant	0,63	Uniforme	0,32
Suburbain	0,50	N'aime pas	-0,41		
Naturel	0,49	Déplaisant	-0,35		
Vide	-0,45	Terne	-0,31		
A usage résidentiel	-0,32				

On retrouve ici des associations d'attributs semblables à celles décelées par l'étude des correlations qui différencient les quartiers résidentiels suburbains des secteurs d'affaires et les attributs liés aux sentiments de ceux attachés aux caractères du milieu.

En conclusion D. Lowenthal et M. Riel observent que généralement le lieu de résidence influe plus sur la manière dont les gens appréhendent le monde que leurs propres caractères.

Cependant, l'étude sémantique menée dans le fascicule n° 8, souligne le rôle important du langage : il y a souvent contradiction entre les jugements ou préférences et les affirmations faites dans un cas concret :

Réponses :		
	Abstraitement	terne - ordonné - artificiel - riche
	Description du milieu	agréable - ordonné - naturel - riche

En se basant sur l'ensemble de leurs résultats et principalement sur les facteurs dégagés par les analyses multivariées les auteurs peuvent alors élaborer six hypothèses (67) destinées à la création et la gestion de notre environnement :

1. Les gens préfèrent souvent vivre dans des milieux pour lesquels les différences d'opinions sont marquées. Par contre les quartiers dont les caractères sont nets et précis sont moins appréciés.
2. La plupart des gens apprécient la nature, mais associée à des éléments contradictoires, comme un paysage organisé. Cependant tout le monde ne donne pas une même signification à ce mot «nature».
3. Les hommes et les femmes ne s'accordent pas sur les termes densité vide. Si pour le sexe masculin densité est associé à nature, à l'agréable et à la richesse, pour la femme le lien se fait avec artificiel, pauvre et terne.
4. Ce que les gens disent ne correspond pas toujours à leurs aspirations réelles. Si les termes chaos, ordre sont souvent mentionnés, dans l'enquête, les personnes n'en parleront pas de leur propre initiative.
5. Le symbolisme de certains mots et les stéréotypes marquent les réponses données sur notre environnement.
6. Les attributs qui semblent être associés dans notre environnement ne sont pas appréciés de la même manière par les gens. Il existe des contradictions dans les goûts du public.

Si ces hypothèses ne sont pas toutes neuves, elles s'appuyent dans les études de D. Lowenthal et M. Riel sur des fondements solides ; on peut donc en tenir compte dans les politiques d'aménagement urbain et les considérer comme hypothèses de base pour de nouvelles études.

Une autre technique de classement multidimensionnel, développée par J. Kruskal (68), est basée sur les variations dans le jugement. Par exemple, lorsqu'un objet A est considéré par moment plus grand que B et à d'autres périodes plus petit que B, la probabilité que A soit plus grand que B est le rapport entre le nombre de fois ou A a été considéré comme supérieur et le total des réponses. Cette probabilité est considérée comme une distance, ce qui permet d'établir une matrice des distances entre diverses paires d'objets (69). On peut placer ces objets dans un espace multidimensionnel et mesurer leur position sur chaque dimension orthogonale. Des méthodes semblables sont destinées à calculer les distances entre les individus et les objets. C'est la technique qu'appliquent Golledge (70) et Rushton (71). Ils dérivent à partir des jugements des personnes enquêtées, une fonction de préférence en matière de localisation résidentielle.

Les techniques décrites ci-dessus comme l'analyse factorielle et le classement multidimensionnel ne permettent cependant que de mesurer indirectement l'image qu'une personne se fait de l'environnement. Et pourtant entre les stimuli sensoriels et l'action existent une série de variables intermédiaires (72) qui marquent la subjectivité des individus. Ces filtres, qu'ils soient sociaux, ethniques, culturels, économiques, techniques provoquent des déformations qui se retrouvent comme composantes principales dans l'analyse multivariée. L'hypothèse de la validité des liens entre l'image et le comportement de même que l'origine des significations que l'individu donne au monde perçu restent ainsi posés. Cependant, face à la masse considérable des informations sur l'image et le comportement, l'analyse factorielle reste une technique susceptible de mettre un peu d'ordre parmi les multiples éléments du milieu, de trouver les structures du monde perçu et de simplifier les données sans trop perdre de renseignements.

CONCLUSION

Les techniques destinées à mesurer l'image posent ainsi un grand nombre de problèmes difficiles à résoudre, car on ne travaille pas sur des objets. Le chercheur devra adapter sa (ses) méthode(s) aux hypothèses de base qu'il pose et aux modèles auxquels il pense. Son terrain d'étude est complexe : le milieu urbain peut être saisi à divers niveaux et à diverses échelles : la ville et sa banlieue moderne, le quartier, la rue, le logement sont autant d'entités distinctes qu'on ne peut étudier de la même manière. Les techniques d'approches varient en rapport avec la dimension du secteur analysé.

Le chercheur travaille non seulement à l'intérieur d'un cadre bâti mais il doit composer également avec un milieu humain aux fonctions très diversifiées ; la perception du touriste, de l'homme qui se rend à son travail, de la ménagère effectuant ses provisions n'est pas la même. En fonction de ses activités, une personne perçoit différemment le milieu. Il s'agit donc d'adapter à son type d'étude la ou les techniques les plus appropriées. Tout d'abord il faut établir un échantillon représentatif de la population en tenant compte du temps et des crédits disponibles ; cette première démarche sera menée conjointement à la délimitation de la zone d'études.

Ensuite un questionnaire d'enquêtes est établi en utilisant une ou plusieurs techniques complémentaires ; il est ainsi possible d'appréhender la perception d'un individu ou d'un groupe dont les fonctions déterminent en grande partie le comportement. Il ne faut cependant pas minimiser les difficultés rencontrées dans l'interprétation des résultats.

Il ne s'agit pas d'une démarche classique de la géographie française où l'empirisme des faits précède toute étude, mais dans le cas de l'image cette démarche n'est pas applicable. On élabore un modèle d'action logique, dont les éléments sont liés (par hypothèse) aux entités mentales; une fois testé sur de petits groupes bien définis, il rend possible la compréhension des raisons du comportement. La quantification des résultats permet dans un deuxième temps des applications et des confirmations empiriques. La compréhension et la prévision du comportement humain passent par cette connaissance de l'image et de la structure profonde des groupes. La géographie de la perception devrait ainsi découvrir et préciser les liens qui attachent l'homme au milieu dans lequel il vit.

1. Pierre Foncin, 1898,«Les pays de France»A. Colin, Paris.

2. Albert Demangeon, 1905«La plaine picarde»A. Colin, Paris.

3. Paul Claval, 1974«La géographie et la perception de l'espace»L'Espace Géographique, 3. 179-186.

4. C. Trowbridge, 1913, «On fundamental methods of orientation and imagery maps», Science, vol. 38, n° 990, p. 888-897. Ce travail n'est d'ailleurs pas le premier car dès 1908, F. Gulliver dans «Orientation of maps», Journal of Geography 7, pp. 55-59 étudiait le système d'orientation des enfants.

5. Carl Sauer, 1925, «The morphology of landscape», University of California Publications in Geography II, 19-54.

6. Jean Brunhes, 1920-1926 -«Géographie humaine de la France» Paris - Plon.

7. Pierre Deffontaines, 1933 - «L'homme et la forêt» - Paris - Gallimard.

8. Max Sorre, 1943-1952 «Les fondements de la géographie humaine»- Paris-A.Colin.

9. Pour D. Lowenthal il existe trois types d'espace : *L'espace objectif* celui de la mathématique et de la physique qui se mesure suivant des normes universelles. *L'espace personnel* (ego) qui constitue l'adaptation de l'individu à l'espace objectif. *L'espace intérieur,* subjectif constitue l'espace inconscient (rêve), D. Lowenthal (ed.) 1967, «Environmental perception and Behavior», Chicago Research Paper n° 109.

10. E.C. Tolman, 1951, «Cognitive maps in rats and men», Collected Papers in Psychology, University of California Press, Berkeley, pp. 241-269.

11. B. Skinner, 1957, «Verbal behavior», Appleton, New York.

12. Gibson, J., 1950, «The perception of the visual world», Houghton Mifflin, Boston

13. H. Simon, 1957, «Models of a man, social and rational», Wiley, New York.

14. K. Boulding, 1956. «The Image», University of Michigan Press, Ann Arbor.

15. Il faut dire que les travaux des psychologues négligent souvent les données spatiales.

16. Avec 1024 enquêtes sur 199 secteurs de recensement l'étude de W. Clark et M. Cadwallader, 1973, «Residential preferences : an alternate view of intra-urban space». Environment and Planning, vol. 5, pp. 693-703 est une des plus importantes.

17. Par ex. : Schafer E., Hamilton J. et Schmidt E., 1969, «Natural landscape preferences : a predictive model», Journal of leisure research, vol. 1, p. 1-19.

18. R.M. Downs 1970, «The cognitive structure of an urban shopping center», Environment and Behavior, vol. 9, n° 1, pp. 13-39.

19. W. Clark et M. Cadwallader, 1973, «Residential preferences : an alternative view of intra urban space», Environment and planning, vol. 5, pp. 693-703.

20. N. Garner, 1962 : «Uncertainty and structure as psychological concepts», John Wiley, New York.

21. C. Osgood, G. Suci et Tannenbaun, 1957, «The measurement of meaning», University of Illinois Press, Urbana.

22. Likert, dans Osgood, 1957, op. cit.

23. Guttman, 1970, «The social function of the built-environment», Built-Environment research report n° 8, Urban Studies Center Rudgers University.

24. Osgood, 1957, op. cit.

25. R.M. Downs, 1970, «The cognitive structure of an urban shopping center,» Environment Behavior, vol. 2, n° 1, pp. 13-38.

26. Bannister D. et Mair J., 1968, «The evaluation of personal constructs» London-Academic.

27. K. Lynch, 1960, op. cit.

28. J. Sonnenfeld, 1967, «Environmental perception and adaptation level in the artic», in D. Lowenthal (ed) Environmental perception and behavior, p. 43-59.

29. R. Beck, 1969, «Spatial meaning and the properties of the environment», Environmental perception and behavior. D. Lowenthal (ed) p. 19-29.

30. B. et H. Dardel, K. et V. Rehbock, K. et D. Schlegtendal 1973 : «Communication, socio économie, urbanisme», Revue urbanisme, p. 44-45.

31. B. et H. Dardel et al. 1973, op. cit., p. 44.

32. J. Sonnefeld, 1967, op. cit.

33. R. Ledrut, 1973, «Les images de la ville», Anthopos, Paris.

34. K. Fines, 1967, «Landscape evaluation : a research project in East Sussex», Regional Studies, vol. 11, p. 41-45.

35. G. Peterson, 1967, «A model of preferences : quantitative analysis of the perception of the visual appearance of residential neigh-borhoods», Journal of Regional Science, VII, p. 19-31.

36. Traitée dans la partie N° VI.

37. Robert Beck, 1969, op. cit.

38. R. Beck, 1964, «A comparative study of spatial meaning». Unpublishing, Master's thesis, University of Chicago.

39. D. Appleyard, 1970, «Styles and methods of structuring a city» Environment and Behavior, Vol. 2, n° 1, p. 100-116.

40. Florence Ladd, 1970, «Black youth view their environment», Environment behavior, vol. 2, n° 1, pp. 74-99.

41. Terence Lee, 1968, «Urban neighborhood as a socio spatial schema» Human relation XXI, pp. 241-267.

42. J. Piaget et B. Inhelder, 1956, «The child's conception of space», London, Routledge and Kegan.

43. Alain Metton, Michel Jean Bertrand, «De l'enfant à l'homme», L'Espace géographique n° 4, 1972, p. 283-285.

44. Piaget et Inhelder, 1967, op. cit.

45. David Lowenthal et H. Prince, 1964, «The english landscape» - Geograhical Review LIV, p. 309-346. D. Lowenthal et H. Prince, 1965 «English landscape tastes» Geographical Review LV, p. 186-222.

46. G. Kelly, 1963 «A theory personnality», W. Norton, New York. G. Kelly, 1955 «The psychology of personnal constructs», W. Norton, New York.

47. R. Tagiuri et R. Petrullo (eds) - 1958 - «Person perception and interpersonal behavior». Stanford University Press, Stanford, pp. 227-288 : Bruner J., Shapiro D. et Tagiuri R. «The meanings of traits in isolation and combination».

48. R.J. Johnston - 1971 - «Mental maps of the city : suburban preference patterns» Environment Planning, 3, 63-72.

49. Le géographe ne peut, comme le psychologue (tradition positiviste) mener des expériences en laboratoire. Le milieu urbain ainsi recréé serait trop simplifié et le comportement des individus ne refléterait pas leur action dans le monde réel. L'exploration simulative limite la richesse par rapport au milieu réel.

50. P. Stone, D. Dunphy, M. Smith, D. Ogilvie, 1966, «The general Enquirer : a computer approach to content analysis», M.I.T. Press Cambridge (Mass.).

51. W. Torgerson, 1958, «Theory and methods of scaling» - John Wiley - New York.

52. A. Wessman, 1956, «A psychological inquiry into satisfaction and happiness», Thèse de doctorat - (non publiée), Princeton, New Jersey.

53. P. Gould, 1966, «On mental maps», Discussion paper n° 9, University of Michigan.

54. B. Ellis, 1966, «Basic concept of measurement», Cambridge University Press, Cambridge (G.B.).

55. W. Torgerson, 1958, op. cit.

56. Stevens S, 1956, «A metric for the social consensus» Science, Vol. 151, p. 530-541.

57. R. Waller, 1970, «Environmental quality, its measurement and control» Regional Studies, Vol. 4, p. 177-191.

58. Leopold L., 1969, «Quantitative comparaison on some aesthetic factors among rivers» Geological Survey Circular, 620.

59. T. Saarinen, 1966 «Perception of drought hazard on the great plains» Chicago Research Paper N° 106, University of Chicago.

60. T. Hägerstrand - 1965 - «A monte carlo approach to diffusion», European Journal of Sociology, 6.

61. J. Everson et B. Fitzgerald, 1972, «Inside the city», Longman.

62. J.C. Nunalley, 1967, «Psychometric theory», Mc Graw-Hill, New York.

63. Il est cependant possible d'employer d'autres coefficients de corrélation (Pearson) qui ne présentent plus cet inconvénient.

64. Peter R. Gould, 1966, On mental Maps - discussion paper n° 9, University of Michigan.

65. David Lowenthal et Marquita Riel - 1972 - Publications in environmental perception - American Geographical Society.

1. Environmental assesment : A case study of New York City.
2. Environmental assesment : A case study of Boston.
3. Environmental assesment : A case study of Cambridge-Massachussett.
4. Environmental assesment : A case study of Colombus, Ohio.
5. Environmental assesment : A comparative analysis of four cities.
6. Structures of environmental associations.
7. Milieu and observer differences in environmental associations.
8. Environmental structures : semantic and experimental components.

66. D'après la table 12 page 23 du fascicule N° 6 «Structure of environmental associations».

67. D. Lowenthal et M. Riel, «Publications in environmental perception» n° 8, p. 44-45. American geographical society, 1972.

68. J. Kruskal, 1964, «Multi-dimensional scaling by optimising good-ness of fit to a non metric hypothesis», Psychometrika 29, p. 1-27.

69. Un cas particulier peut être trouvé : **A** B B C C A

Si cette probabilité est traduite en distance, on pourrait avoir par exemple

distance AB = 3 unités
distance BC = 4 unités
distance AC = 5 unités

La seule représentation possible est à l'intérieur d'un triangle dans un espace à deux dimensions. Le même phénomène peut se produire entre n objets et dans ce cas on a recours à un espace multidimensionnel pour placer les distances entre les objets.

70. R. Golledge, R. Briggs et D. Demko, 1969, «The configuration of distance in intra-urban Space.» Proceedings of the Association of American Geographers, p. 60-65.

71. G. Rushton, 1969, «The scaling of locational preferences» in K.R. Cox et R. Golledge. «Behavioral problems in geography.» Evanston (Ill.), Dept. of geography, Northwestern University.

72. R. Downs, 1970, «Geographic space perception : past approaches and future prospect» in C. Board, R. Chorley, P. Haggett, P. Stoddard ed., «Progress in geography II», Arnold, Londres.

STRUCTURE DES PAYSAGES ET GEOGRAPHIE ZONALE

Th. BROSSARD - Centre d'Etudes Arctiques
J.C. WIEBER - Université de Besançon

Depuis plusieurs années nous nous sommes attachés à l'étude d'un certain nombre de paysages pris sur le territoire français. Cette étude se fonde sur une certaine définition de la notion de paysage. Nous la rappellerons brièvement ci-après ; les principaux éléments de notre réflexion ont déjà été fournis (1). Elle s'applique sur le terrain par la mise en oeuvre d'une collection systématique des éléments du paysage, faite dans les mêmes conditions en chacun des points enquêtés (2). Les observations recueillies donnent lieu à un traitement mené par les moyens de l'analyse factorielle des correspondances (3) (4). Ce traitement permet de dégager dans un paysage ce qui est important de ce qui l'est moins, ce qui finalement le structure.

Nous voulons voir ici comment dans un milieu totalement différent des paysages français, les principes structurants dégagés lors des analyses précédentes se retrouvent et comment le nouveau terrain observé, pris au Spitsberg, se place dans un modèle (5) dont la construction a été tenté à partir d'exemples français. Cela nous permettra de voir dans quelle mesure l'originalité propre à chaque zone se manifeste dans le cadre d'une observation homogène.
Le point de départ de notre démarche repose sur les deux questions suivantes:

- Y a-t-il une structure fondamentale qui ordonne tous les paysages quelle que soit leur appartenance zonale ; notre modèle est-il de portée générale ?

- Pouvons-nous à travers les indications fournies par ces analyses et ce modèle dégager la réalité zonale des paysages ; comment celle-ci se manifeste-t-elle ?

C'est sur ces deux aspects que nous insisterons ici, beaucoup plus que sur la mise en évidence de réalités régionales ou micro-régionales.

A) - ESQUISSE DESCRIPTIVE DES TERRAINS ET FONDEMENTS DE NOTRE METHODE

1) DESCRIPTION

En France, notre intérêt s'est porté sur 3 ensembles :

a) La région de Besançon

Région de vaux largement ouverts et de monts très surbaissés, le secteur considéré s'intègre au Faisceau bisontin. *Les vaux* sont déboisés, couverts de prairies bien entretenues et paturées avec cependant des zones de friches. Dans quelques bas de versants, la prairie est plus sèche, et révèle la présence proche du substrat calcaire. *Les rides* sont au contraire boisées ; le calcaire subaffleurant supporte des sols qui vont de la rendzine franche à des rendzines brunifiées plus épaisses. La couverture la plus fréquente, en taillis de chênaie-charmaie, n'est jamais très élevée mais présente des densités variables. En effet, certains taillis régulièrement entretenus sont monostrates, d'autres au contraire ont une physionomie complexe avec des strates buissonnantes, arbustives, arborées qui interfèrent, avec quelquefois même une strate au sol.

L'ensemble donne une impression de grande diversité selon les cantons forestiers auxquels on a affaire.

b) Le Ballon de Servance

Il s'agit en fait d'une partie des *pelouses sommitales,* assez rases, aux pentes relativement faibles et surtout d'une *partie d'un grand versant* ouvert sur les vallées du haut bassin du Rahin ; l'ensemble est occupé par une futaie (hêtraie-sapinière) où le hêtre domine. Les différences essentielles proviennent de la valeur de la pente et de la nature du matériel qui arme le versant : ici ce sont des ressauts rocheux, ailleurs des éboulis plus ou moins grossiers, ailleurs enfin des empâtements colluviaux. En somme, du haut en bas de la pente et en fonction de la valeur même de celle-ci le milieu se différencie davantage par la nature géomorphologique des formations qui le composent que par la végétation proprement dite. Il est évident néanmoins que celle-ci reste influencée par cette nature géomorphologique et par le substrat pédologique qu'elle induit.

c) Le Vercors du Sud-Est

Cet ensemble comprend, d'abord, une partie du plateau sommital calcaire couvert d'une pelouse subalpine très rase et de nombreux pierriers apparents ; quelquefois, une végétation plus dense occupe les dolines dont le fond a piégé un matériel colluvial important. Cette zone domine par une corniche vive, marquée de quelques replats où s'accrochent des formations herbeuses, un grand versant formé d'éboulis de mieux en mieux colonisés à mesure que l'on descend. Vers la base, les éboulis sont recouverts d'un sol relativement épais et d'une pelouse à nards piquetée de pins à crochets, parfois assez denses. Ce grand versant débouche sur une sorte de combe dont le fond est occupé par une mosaïque de boqueteaux de pins à crochets et de pelouse. Puis, en face, se retrouve en position cataclinale un versant couvert par des plaques d'éboulis apparents d'ailleurs hérités des périodes froides ; ils sont localement colonisés par la pelouse ou par les lambeaux d'une hêtraie qui peut compter de forts beaux arbres malgré son aspect discontinu.

A ces trois termes nous avons opposé des relevés qui ont été menés dans la presqu'île de Broegger et autres rives voisines des fjords du Spitsberg :

d) La Presqu'île de Broëgger

La presqu'île n'a pas été couverte en totalité par notre enquête, nous en avons exclu la dorsale montagneuse largement englacée et escarpée, pour des raisons pratiques évidentes. Notre attention s'est portée uniquement sur le strandflat bordier bien individualisé en son contact amont par une nette rupture de pente ; assez étroit, il ne s'épanouit vraiment qu'à la pointe de la presqu'île au niveau de Kvadekuk où il atteint 7 kilomètres, plateau de Steinflaën inclus. Si l'on excepte quelques gradins assez vigoureusement dénivelés par les rejeux isostatiques, c'est la toundra qui apporte la nuance et révèle parfois la diversité géomorphologique de ce paysage à dominante minérale.

Les formations de toundra continue à cetraria et saxifrages à feuilles opposées occupent les niveaux marins d'accumulation égouttés, de granulométrie plutôt fine et bien calibrée ; buttes et polygones de toundra se développent alors. Lorsque l'abrasion marine a joué au dépens du substrat calcaire, des variétés de sols mouchetés, associées à des fentes déterminent la présence d'un manteau végétal plus ouvert localement épaissi par les touffes serrées de Dryas. Aux confins des sandurs, là où la dynamique proglaciaire s'amortit, une toundra plus humide à linaigrettes, prêles et joncs tend à couvrir le terrain. Lorsqu'une pente plus forte, au chanfrein de raccord entre les niveaux, ou au contact du massif anime la topographie, le transit des débris est assuré par une solifluxion en langues de chat ou diverses variantes de sols à stries ; la végétation obéit alors aux sollicitations de la micromorphologie et se dispose parallèlement à la pente ou sur les bourrelets à l'aval des loupes. Là où le strandflat s'élargit au droit de Kvadekuk, hors le décrochement en altitude du plateau de Steinflaën, les étagements souvent soulignés par des cordons littoraux hérités, se font plus lointains ; la topographie se décompose alors en petites unités mal drainées où s'élaborent polygones et cercles de pierres bien venus que souligne un liseré végétal étroitement confiné.

La disposition longitudinale des niveaux glacio-marins est tronçonnée par la disposition perpendiculaire, de la montagne à la mer, des émissaires proglaciaires ; lorsque leur pente est forte comme au sud de la presqu'île, ils s'enfoncent sur place et créent une entaille linéaire très étroite ; par contre, lorsque la pente est faible, et le débit puissant comme au Nord-Est, les sandurs qui s'élaborent retouchent latéralement le strandflat. Le jeu des avancées et des reculs glaciaires s'est répercuté sur les débits proglaciaires selon des cycles complexes. Sur le terrain, cela se traduit par une extrême compétition entre la colonisation végétale pionnière (Braya purpurascens, Saxifraga oppositifolia) et les processus dynamiques. Adossés au massif montagneux, quelques arcs morainiques débordent sur le piémont au Nord ; ils supportent une végétation pionnière très disseminée mais assez variée en espèces selon le jeu multiple des expositions dans ce contexte topographique de collines. Au pied des falaises (Stuphallet, Kjoer) où nichent des myriades d'oiseaux marins, certains réceptacles topographiques favorables ont permis le développement de tourbières où prospère un tapis végétal spongieux, très verdoyant.

e) Les rives des fjord

Les autres ensembles géographiques que nous avons parcourus au Spitzberg présentent des caractères très analogues ; ils concernent divers strandflats au bord de la baie du Roi, de la baie de la Croix, du détroit de Forland. Les thèmes de descriptions sont identiques ; les différences tiennent surtout à un dosage différent des types élémentaires de paysage. De plus, nous avons intégré deux petites unités montagneuses, Ossian et Blomstrand. Comme l'ensemble des terrains se situe plus largement vers l'embouchure des fjords, l'interland montagneux est moins englacé, les strandflats, en moyenne plus larges sont donc relativement immunisés contre les retouches proglaciaires actuelles. La cryoturbation et les formes qui lui sont liées commandent plus largement l'implantation végétale.

2 - FONDEMENTS DE NOTRE METHODE. L'ENQUETE

Sur chacune des 5 zones que nous avons retenues, les observations ont été menées de la même façon. La méthode repose sur un échantillonnage du terrain qui se veut le plus géométrique, le plus systématique possible. Mais, compte tenu des difficultés de parcours une véritable grille géométrique serait trop longue à mettre en place ; simplement, nous veillons à ce que le hasard intervienne dans l'implantation de nos points d'arrêtC'est à travers cet échantillonnage que nous prétendons rendre compte de la diversité des milieux enquêtés, il représentent des éléments de paysage dont la taille varie de 2 à 4 kilomètres carrés pour les terrains français, quelques dizaines dans le cas du Spitzberg plus homogène. Chaque terrain est échantillonné par une série de points de 135 à 300 environ et en chaque point nous effectuons toujours les mêmes observations ; leur nature dépend de notre conception du paysage.

Celle-ci est fondée sur un certain nombre d'hypothèses.

Tout d'abord, il est indispensable, pensons-nous, de elever les diverses composantes du paysage sans en privilégier aucune. Aussi nous sommes-nous écartés d'une approche trop directement botaniste. Le mot paysage ne recouvre pas uniquement le paysage végétal comme l'emploi en est souvent fait en géographie. Il ne recouvre pas exactement non plus le paysage naturel. En effet pour

Tout d'abord, il est indispensable, pensons-nous, de relever les diverses com-

phie. Il ne recouvre pas exactement non plus le paysage naturel. En effet pour les terrains français du moins, il n'y a guère de paysages authentiquement naturels ; l'action de l'homme est présente partout. Néanmoins nous n'avons retenu que des composantes physiques. Bien qu'elles ne puissent décrire l'espace considéré dans sa totalité nous les avons utilisées comme si elles en rendaient compte d'une façon globale. Concernant cette approche, nous renvoyons à Bertrand (6) et Richard (7) qui ont montré comment cette définition, cette approche particulière s'étaient mises en place. Il n'y a pas lieu d'y revenir plus amplement.

En chaque point d'observation notre attention s'est portée à saisir les combinaisons qui entrent dans notre définition globale autrement dit à donner une image en un instant donné, et en chaque point du réseau du tout que représente la combinaison générale.

Voyons maintenant ce que nous introduisons dans cette combinaison. Nous ne pouvons à l'évidence retenir tous les éléments qui définissent un paysage. Il y a deux raisons à cela :

- La première est d'ordre méthodologique. Pour y voir clair, il était plus utile de prendre au sens large du terme, une approche systématique qui saisisse d'abord les combinaisons d'ensemble quitte à les affiner ensuite plutôt qu'une approche d'emblée analyste au sens fin du terme. C'est pourquoi notre choix des descripteurs s'est fait par grandes catégories.

- La deuxième raison qui nous a amené à limiter ces descripteurs est d'ordre purement pratique. Pendant longtemps, et jusqu'à une date toute récente, nous avons travaillé sur les analyses factorielles que nous évoquions en introduction avec de petits ordinateurs. Cela nous a évité de tout mettre dans une ner de la pâture à cette machine, de lui donner des cartes perforées à traiter, nous avons dû réduire notre information, y réfléchir, et y introduire un peu de subjectivité certes, mais en raisonnant au mieux de façon à poser une question claire à l'instrument de traitement. Dans ces conditions, force nous était faite de condenser notre information au maximum.

Dans notre conception préalable, le paysage c'est tout d'abord une forme qui s'exprime à travers la topographie en termes géologiques, géomorphologiques surtout. C'est ensuite une physionomie qui s'exprime par un couvert, les strates de la végétation, leur disposition, leur couleur, leur permanence dans les saisons. C'est enfin un contact, une interface entre la strate vivante qui est au-dessus et un support, le substrat géomorphologique ou géologique qui est en-dessous. Cela tient compte de la nature du sol ou du moins de son importance, de la dynamique érosive, épidermique, instantanée, sans cesse en évolution. Cela tient compte des produits que la végétation dépose à la surface du sol. Pris dans cette optique, et compte tenu des limites techniques imposées pour le calcul, nos descripteurs des paysages ont rassemblé toute l'information dans un petit nombre de caractères.

Limitées de prime abord au cadre régional français, nos classes descriptives se sont établies comme suit :

- *La topographie.* Elle est exprimée au premier chef par les pentes qui sont nulles et faibles, moyennes, accusées ou fortes. Dans un sens plus large, elle est exprimée aussi par l'importance des sols ; nous avons retenu alors le critère d'épaisseur qui appelle une précision ; il ne s'agit pas seulement de la frange pédogénétisée du matériel mais aussi de tout ce qui est meuble donc a priori mobilisable. De là, nous avons distingué des épaisseurs faibles, moyennes, fortes ou encore l'absence de matériel mobile, l'apparition de la roche en place.
- *Le couvert végétal.* Nous avons retenu les diverses strates qu'il développe dans le paysage.
    - La strates au sol jusqu'à 0,5 m.
    - La strate buissonnante de 0,5 à 2 m.
    - La strate arbustive de 2 à 7 m.
    - La strate arborée à plus de 7 m.

Ces quatre strates ne sont retenues respectivement en chaque point que si leur taux de recouvrement dépasse 40%, ce qui élimine les cas marginaux, l'arbre isolé qui couvre en partie la zone précise où l'on s'est arrêté en fonction de la grille d'observation au hasard et qui de ce fait, fausserait notre enquête parcequ'il est unique et peu représentatif du milieu.

Avec une signification un peu différente, nous avons retenu la litière comme descripteur de la végétation ; nous avons exprimé son recouvrement en pourcentage ; elle est aussi :

- absente
- présente jusqu'à 20%
- couvrante de 20 à 50%
- couvrante à plus de 50%

La litière a une double signification. Elle traduit directement l'importance de la fourniture de débris par les strates végétales ; mais elle exprime aussi l'intensité de l'érosion : par exemple, en terrain plat, une prairie monostrate de 0 à 0,5 m. pourra présenter deux types de litières ; une litière relativement épaisse, couvrante et une litière réduite ; dans ce cas, il s'agit de pâtures où le pacage est intense, où les bestiaux ont éliminé par leur passage les débris que de surcroît, les espèces végétales, de par leur nature même, fournissent en moindre abondance. Dans l'autre, il s'agit déjà de friches ou de prés moins entretenus, moins fréquentés dont les espèces plus couvrantes libèrent des débris importants. Telles les friches humides à molinie remarquables par leur litière substantielle. De cette façon, la litière complète la description extrêmement stricte, réduite qu'implique notre prise en compte des strates végétales.

D'un autre côté, la litière tombée du sol est mobilisable sous les effets de la dynamique érosive. Sur bon nombre de plans-versants, les dimensions, la densité des formes microtopographiques, l'abondance de la litière fournissent à notre appréciation des éléments sur la vigueur de l'érosion. D'une litière trop rare en regard du couvert végétal environnant on peut présumer qu'elle a connu une érosion qui l'a dégagée, décapée, entraînée vers le bas. Cet élément descriptif apporte donc une information extrêmement importante.

- *Le contact* : Les microformes. Dans leurs expressions topographiques et leurs implications génétiques très diversifiées, elles sont normalement associées entre elles au sein de combinaisons complexes, mais notre volonté de simplification nous a conduit à mener l'observation selon trois catégories seulement :

- Les bosses
- Les creux
- Les marches

A l'expérience, nous le verrons, il y a une opposition entre bosses et creux d'une part, marches d'autre part ; ces dernières impliquent une action plus vigoureuse de l'érosion.

Ainsi comprise notre définition des paysages est évidemment réduite ; le tableau (fig. 1) donne les limites entre classes pour chacune des catégories que nous retenons dans notre définition des paysages en France, il donne aussi les diverses lettres qui dans le codage pour l'analyse factorielle permettent de distinguer chacune de ces données.

TABLEAU DES LETTRES - SYMBOLES.

TOPOGRAPHIE.

Pente :	P	de 0° à 7° (faible et nulle)
	Q	de 8° à 18° (moyenne)
	R	de 19° à 34° (accusée)
	S	plus de 35° (forte)
Epaisseur du «sol» :	D	absent
	E	0 à 10 cm de profondeur
	F	10 à 30 cm "
	G	plus de 30 cm "

COUVERT VEGETAL.

Strates :	L	0 à 50 cm de haut
	M	50 cm à 2 m "
	N	2 à 7 m "
	O	plus de 7 m "
Litière :	H	absente
	I	O à 20% de recouvrement
	J	20 à 50% "
	K	plus de 50% "

SURFACE DU SOL.

A	creux
B	bosse
C	marche

En ce qui concerne les terres du Spitsberg, il a fallu légèrement modifier les descripteurs, mais sans atteinte à leur qualité ; seul, le découpage des classes retenues a été transformé de façon à ce que les termes restent comparables entre des milieux aussi largement différents que le contexte français du du Faisceau bisontin, ou de la bordure du massif vosgien d'une part celui du Spitsberg d'autre part.

Les modifications en question n'entraînent pas de distorsions majeures dans notre approche des problèmes. En effet, dans un cadre prédéfini des variations de quantités n'induiront au niveau des analyses que de légers glissements dans la répartition des points mais la structure de l'ensemble qui est l'objet spécifique de notre recherche ne sera pas profondément perturbée.

Les descripteurs retenus sont les mêmes que dans les analyses précédentes : microformes, sols, litières, couvert végétal, pentes. Nous avons seulement joué sur les classes de caractères de manière à ce que les individus se différencient compte-tenu de la nature particulière du terrain étudié. Le recours à des histogrammes de fréquence nous a permis d'opérer un découpage en classes cohérent de nos divers paramètres lorsque cela était nécessaire.

Les caractères de pente et de microtopographie ont été maintenus tels quels. Notons seulement l'absence du caractère «S» de forte pente sur notre terrain dont la topographie n'est que faiblement contrastée.

Les caractères qui concernent l'aspect biogéographique du paysage ont été révisés comme suit :

-Les Sols

D. Pas de sol, ce sont les sols minéraux bruts ; aucune trace de matière organique n'est visible.

E. Sols discontinus, où la matière organique ne se mélange pas aux éléments minéraux.

F. Les sols continus de moins de 10 cm. d'épaisseur.

G. Les sols continus de plus de 10 cm.

- La Litière

H. Pas de litière

I. Traces discontinues

J. Litière présentant un caractère de continuité. Répartition homogène mais non jointive des éléments.

K. Litière continue et jointive voire épaisse

- Végétation

L. Absente ou présente jusqu'à 5%

M. Couvrante de 5 à 20%

N. Couvrante de 20 à 50%

O. Couvrante à plus de 50%

La végétation de toundra, toujours rase au Spitzberg du N.O. ne permet pas de différencier de véritables strates.

B) - LES ANALYSES PRIMAIRES

Les traitements que nous avons menés par analyse factorielle nous ont permis de déterminer au sein d'un espace abstrait la position des points par rapport aux caractères qui les définissent.

1)PROBLEMES GENERAUX DE SIGNIFICATION DES AXES : L'EXPERIENCE ACQUISE

Rappelons en premier lieu les lignes directrices qui sont apparues au cours d'une vingtaine d'études menées en France. Nous verrons ensuite que ces lignes directrices ne sont pas fondamentalement différentes dans le cas de terrains éloignés dans leur répartition zonale.

L'axe 1 sépare le plus souvent ce qui est étranger du reste. Il ne s'agit pas d'une signification géographique au sens propre du terme mais plutôt d'une signification logique. Nous dirons dorénavant : l'axe 1 a la signification A ; il sépare ce qui est différent du reste. Ensuite, l'axe 2 classe ce qui est parent, il prend la signification B.

Comment donner une traduction géographique à cela ? Pour les terrains français l'axe 1 de signification A sépare l'impact du substrat géologique et géomorphologique de la définition apportée par le couvert biogéographique à la nature même des paysages. Par exemple, dans le Vercors, sur une des extrêmités de l'axe 1, les nuages qui décrivent les corniches rocheuses nues se séparent des autres pour lesquels il y a toujours une part de couvert biogéographique, pelouse ouverte, pelouse fermée, voire même lambeaux de futaie de hêtre. Ainsi s'établit une sorte de hiérarchie de l'influence des axes, hiérarchie à double sens :

- d'une part, la hiérarchie s'exerce en fonction de l'échantillon fourni ; c'est le fait qu'il ait plusieurs axes 1, 2 et 3 (d'autres aussi, que nous n'avons que rarement déterminés).
- d'autre part, il y a une hiérarchie logique, l'axe 1 prend la signification A (c'est à dire sépare ce qui est différent du reste).

Mais dans certains cas, il ne le fait pas ; ce qui tranche le plus, l'élément de diversification majeure dans le paysage n'est pas l'opposition entre une corniche et des pelouses ou des forêts, mais plutôt la nuance entre bois et prairies, Dans ce cas, c'est la signification B qui apparaît sur l'axe 1, classement de phénomènes parents tandis que l'axe 2 a le sens de A. Ces notions sont un peu complexes mais il est important de bien les définir ; les qualités opératoires de notre méthode en dépendent. L'analyse factorielle pour un terrain donné, impose un classement des axes selon leur importance. Quant on a pratiqué des analyses factorielles dans les mêmes conditions sur des données recueillies en terrains variés, on s'aperçoit que certains ensembles se définissent par la prééminence de l'opposition minéral-biogéographique et que d'autres se classent selon des nuances propres au domaine biogéographique, le rôle du minéral n'intervenant qu'en deuxième ressort.

Evoquons brièvement l'axe 3. L'intervention des axes se manifeste d'une façon très hiérarchisée ; les combinaisons définies dans le plan 1 - 2 sont fractionnées par l'action de l'axe 3 mais non profondément modifiées sauf cas exceptionnel lorsqu'il existe un principe d'ordre qui construit les figures dans les trois dimensions. Il n'y a pas lieu de développer ici ce problème, prenons plutôt l'exemple d'une zone où s'individualise un paysage essentiellement minéral ; l'absence de sol, de litière, de végétation, des pentes variables définiront un nuage. L'axe 3 classera les diverses pentes et séparera les terrains rocheux, en dalles planes apparentes, ou, au contraire, en corniches. De la même façon, cet axe 3 séparera ou nuancera les formations végétales à couvert dense et pluristrates en fonction de l'épaisseur de la litière, elle même dépendante de la pente et de l'érosion, ou encore en fonction de l'épaisseur des sols qui varie à son tour selon la nature de la roche mère ou le contexte d'évolution pédologique particulier. L'axe 3 opère donc des partitions secondaires sur une structure déjà largement définie dans la plan 1 - 2 des figures ; soulignons-le pour éviter d'y revenir trop longuement par la suite.

2) L'ANALYSE : OUTIL DE COMPARAISON (Voir Fig. 2).

Aux divers terrains, le Vercors, le Ballon de Servance, la région bisontine, le Spitsberg correspondent des dispositions à chaque fois originales.

Le Vercors oppose sur l'axe 1 positif, l'absence de végétation,de sol, de litière, les pentes très fortes à tout le reste qui se classé le long de l'axe 2. Cette disposition, en T renversé sur l'axe 1 est tout à fait caractéristique, la plus fréquente parmi les terrains que nous avons enquêtés en France.

Le Faisceau bisontin est un peu différent ; alors que dans le Vercors, l'axe 1 prend la signification A, sépare le minéral du biogéographique et l'axe 2 prend la signification B, classe différentiellement le biogéographique, les significations sont ici inversées ; ce qui domine dans le paysage, ce sont les oppositions nuancées entre les divers faciès que la végétation impose. Elles estompent l'influence du substrat rocheux ; celle-ci n'apparaît(signification A) qu'au niveau de l'axe 2.

Le Ballon de Servance présente également une allure particulière. L'absence de sol, de litière, les pentes fortes se retrouvent du côté de l'axe 1 positif qui a donc la signification A. Mais sur l'axe 2 le classement ne s'opère pas exactement comme dans le Vercors, en opposition. Un regard sur la figure 2 confirme la répartition des caractères sur une parabole grossière où s'opère le classement : les pentes, les sols, les litières s'ordonnent de la plus faible valeur à la plus forte selon des courbes paraboliques approximativement parallèles. C'est qu'apparaît ici un principe d'ordre. Ce principe induit une hiérarchisation des phénomènes, il est fonction de la vigueur des pentes essentiellement puisque ce sont elles qui commandent au premier chef la répartition des faciès du paysage.

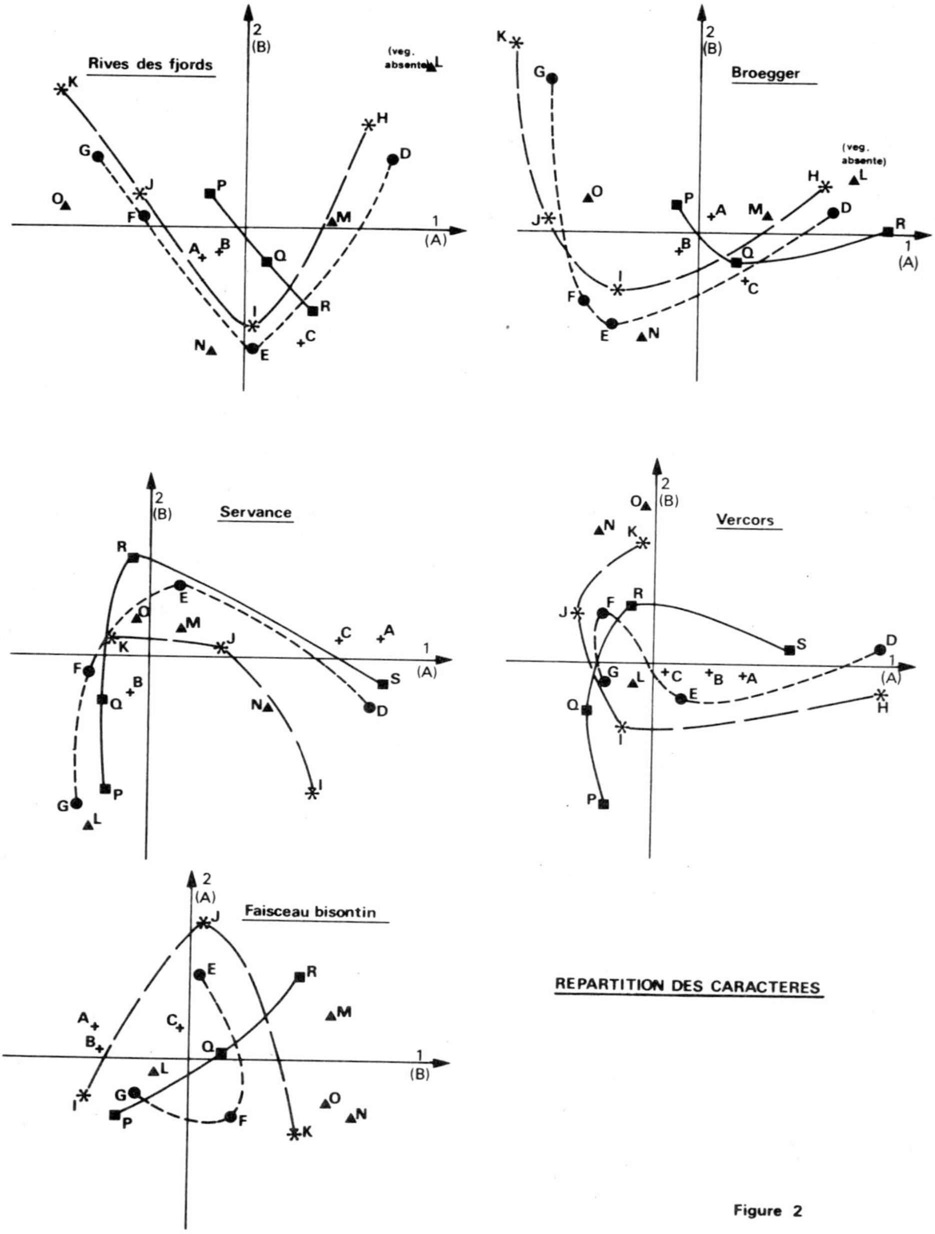

REPARTITION DES CARACTERES

Figure 2

Le Spitsberg. Sur le diagramme des caractères, établi selon le plan des axes 1 - 2, nous retrouvons la même disposition parabolique d'ensemble sans que la signification des axes ait changée. L'axe 1 ordonne les paramètres en fonction d'une importance croissante du minéral dans le paysage. Les caractères 0 (taux de recouvrement végétal fort) G (sols épais) K (litière importante) s'opposent aux caractères D H L M pour lesquels les différents paramètres biogéographiques prennent une valeur nulle ou faible. Les descripteurs morphologiques n'ont un rôle important que si les faciès minéraux du paysage s'affirment ce que révèle leur regroupement sur la droite du diagramme. L'axe 2 classe les descripteurs biotiques des valeurs moyennes aux valeurs fortes ; il indique un degré de complexité croissante de ces facteurs vers le haut du graphe. Le fait que nos axes structurent le paysage en gardant une signification constante au-delà des différences zonales, nous laisse penser que les concepts ainsi approchés ont une valeur générale. Notre schéma d'interprétation reste efficace ; cependant son utilisation comme instrument de comparaison sur les paysages à petite échelle ne peut se faire sans un certain nombre de cautions.

Le réajustement des descripteurs était nécessaire sinon tous les individus et caractères, insuffisamment différenciés par les catégories initiales se seraient placés au centre de l'espace factoriel, ou encore si nous essayions de replacer les paysages du Spitsberg dans l'espace d'une analyse effectuée en France en conservant les descripteurs tels quels, la dispersion des individus seraient extrêmement faible, tous se concentreraient dans un coin du graphique, sur un ou deux nuages. C'est pourquoi, en vue de réintroduire une distance entre les points, il fallait changer les classes de caractères, «redistribuer les cartes» en faveur du biotique. De ce fait, nous nous interdisons toute comparaisons directe d'un domaine biogéographique à l'autre, car selon les codages respectifs, une futaie à litière et sol épais du Ballon de Servance introduira dans l'analyse la même information qu'une tourbière du Spitsberg ! Mais le changement d'information introduit dans notre modèle, répétons-le, est quantitatif et non qualitatif. La distance entre les points reste de même nature, c'est pourquoi, la signification des axes n'a pas changé.

On peut se demander alors quel point commun existe entre une tourbière arctique et une chênaie tempérée ? Dans la logique de notre modèle factoriel, nous dirons que tourbière et futaie correspondent l'une et l'autre à un paroxisme de développement du potentiel biogéographique dans leur contexte zonal respectif. Notre étude est donc tributaire jusque dans sa formulation de notre schéma ; nous sommes obligés d'en utiliser les concepts (signification des axes) pour dégager les termes de comparaison entre les deux types de paysage. En changeant certaines classes de paramètres, nous avons introduit une certaine distorsion, au niveau de l'information quantitative ; les biomasses considérées ne sont plus les mêmes ; nous ne pouvons plus raisonner sur le poids brut des données mais seulement sur leur agencement. Il était important de préciser ainsi notre «marge de manoeuvre» dans le cadre d'une étude comparative des analyses primaires.

3) LA MISE EN EVIDENCE DES UNITES ELEMENTAIRES : LES GEOFACIES (v. Fig. 3)

L'agencement des caractères qui définissent les individus s'établit selon différents types. Sur la figure 3, nous avons regroupé en nuages les différents types préalablement définis de façon à éviter la dispersion de la vue sur une multitude de points. Dans chaque nuage se rassemblent les points définis par des descripteurs à peu près semblables, et ainsi, tout à fait en accord avec notre conception du paysage, des types de combinaisons sont mis en évidence. Celles-ci ne sont pas forcément présentes côte à côte dans l'espace topographique mais notre propos est de raisonner sur des types. Le retour à la réalité topographique s'inscrit dans une démarche ultérieure ; il suffira pour cela, puisque nous avons gardé les coordonnées des points d'observation, de replacer l'information traitée sur une carte et de voir comment l'espace l'organise.

a) La région de Besançon

Quatre grands types de formation s'ordonnent selon l'axe 1 qui possède ici, rappelons-le, la signification B (il classe des milieux parents au sens biogéographique). On passe de prairies paturées entretenues, à des pelouses moins travaillées où la litière est plus importante ou encore à des pelouses où les effets de lisière répercutent l'influence des forêts voisines ou enfin à des strates boisées de différentes natures dont les plus complexes appartiennent à des zones pluristrates où l'action de l'homme semble faible. Outre l'effet de classement selon l'axe 1, en fonction des faciès biogéographiques, on pourrait à l'examen des fiches de terrain, grâce à la connaissance que l'on a de la zone, induire aussi un effet de l'action de l'homme qui se manifeste selon cet axe 1 à l'intérieur de chacun des deux milieux : prairies paturées et forêts entretenues.

Sur l'axe 2, de signification A cette fois-ci (le poids du substrat) deux zones s'isolent : du côté des prairies, d'une part, des milieux aux pentes plus accusées, aux sols plus minces parce que le calcaire affleure plus proche ou encore des zones avec une litière plus importante en dehors des effets de lisière dont nous avons parlé. Et puis, du côté des forêts, il s'agit des forêts de pente plus forte avec souvent une strate buissonnante qui correspond en exposition sud aux buis, sous strate de la chênaie-charmaie.

b) Le Ballon de Servance

Au lieu de se disposer sur l'axe 1 puis de se séparer sur l'axe 2, les nuages

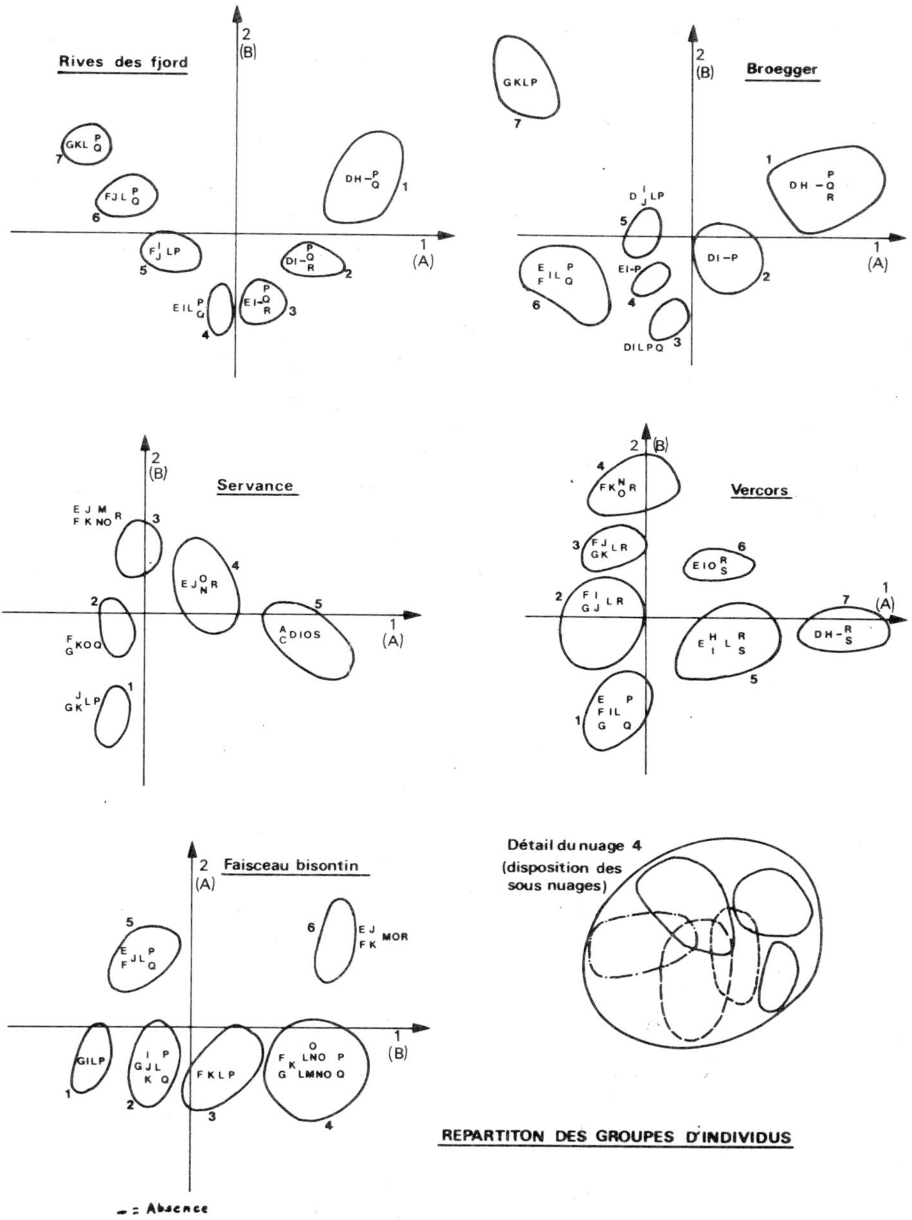

REPARTITON DES GROUPES D'INDIVIDUS

Figure 3

s'ordonnent en parabole. Or les régions concernées sont couvertes surtout par une futaie élevée mais claire sur des pentes très vigoureuses avec des sols le plus souvent minces et des litières réduites. Pourquoi cette disposition ? Parce que nous sommes dans une zone où l'érosion est vigoureuse ; la litière est entrainée directement. La microsculpture du sol indique une dominance des marches et des bosses, des bosses corrélatives aux éboulis rocheux très présents et des marches liées à l'érosion,perpendiculaires à la pente en général.

De ces formes de futaie de pentes vives on passe ensuite à des pentes plus douces où les strates se multiplient et où le sol s'épaissit. Et enfin, sur l'axe 2 cette fois, l'éventail des faciès va de la forêt pluristrate sur pentes accusées avec un sol épais, une litière importante à la pelouse sommitale en pentes faibles à sol épais et litière malgré tout abondante car la pelouse des «chaumes» dont il s'agit n'est plus paturée ; les espèces se multiplient et fournissent des débris abondants.

c) Le Vercors

La disposition des unités élémentaires qui définissent les regroupements typologiques est axée sur 3 pôles ;

- un pôle minéral marqué sur l'axe 1 positif par la présence de corniches donc sans sol, sans litière, sans végétation, avec des pentes très fortes.
- le second pôle sur l'axe 2 négatif est marqué par des pelouses avec sol épais, pentes faibles, litière réduite ; il s'agit de pelouses paturées.
- et puis au troisième pôle, ce sont les forêts sur des pentes accusées ou fortes avec des litières importantes.

Entre ces trois pôles des éléments intermédiaires multiplient les combinaisons. Depuis la pelouse sur sols profonds et pentes faibles à la corniche, le tapis végétal s'éclaircit, les sols s'amincissent et les pentes s'accentuent. On passe aussi de la forêt sur pente accusée à la corniche ; la forêt devient moins dense, les sols et la litière tendent à céder sous les effets de l'érosion. Enfin, on passe de la pelouse à la forêt par une séquence où les arbres et la litière prennent progressivement de l'importance.

Cette structure du Vercors est une des plus équilibrées que nous ayons rencontrée, elle se charge donc d'une signification particulière.

d) La presqu'île de Broegger

En ce qui concerne le Spitsberg malgré des types différents nous retrouvons les mêmes principes d'organisation. Reprenons pour l'instant le diagramme des caractères.

Bien que les courbes correspondant aux différentes catégories de caractères dessinent la même figure dans l'espace factoriel et donc obéissent à la même logique d'ensemble, les deux familles de descripteurs, biotiques et géomorphologiques se différencient nettement. Sol, litière et végétation occupent largement l'espace factoriel avec une forte corrélation mutuelle. La végétation est le caractère «moteur» qui s'ordonne le premier sur la parabole et auquel les autres sont étroitement subordonnés ; il commande une structure d'ordre comme le faisait la pente au Ballon se Servance. Cela peut s'interpréter comme un effet des facteurs mésologiques limitant, qui obligent sols, litière et végétation à vivre en étroite symbiose. Seuls les caractères G et K (sols et litière épais) en s'éloignant de O (végétation à fort taux de recouvrement) indiquent que leur présence n'est pas en relation de causalité unique avec O, relation qui peut se définir en terme de nécessité mais non de suffisance. L'effet de contrainte zonale tend donc à s'appliquer d'une manière plus lâche sur ces facteurs.

Quant à nos descripteurs des microformes, malgré la définition très générale que nous leur avons attribuée, ils se placent d'une manière ordonnée sur le graphique. Cela prouve que, au-delà des cas aléatoires qui expliquent la position relativement centrale des 3 caractères et perturbent la structure, la fréquence de l'un ou de l'autre caractère, bosse, creux, marche, à une signification dans la description de tel ou tel géofaciès : soit A, les fentes en coins des toundras, B les bourrelets de solifluxion ou de sols structurés et C les marches dues au raidissement du petit talus à l'aval des coulées de solifluxion ou aux blocs de pierre émergeant d'une masse meuble. Les marches en roche vive sont rares car la gélifraction ne laisse le substrat à l'affleurement que lorsqu'un relief vigoureux assure l'évacuation par gravité des produits gelivés.

Les pentes également occupent une position centrale dans l'espace factoriel. Comme les microformes, elles ne caractérisent pas de façon dominante les paysages sinon aux fortes valeurs (R). Cela doit être considéré comme un trait zonal. En effet, le caractère minéral domine sur le paysage d'une façon telle que sa présence est relativement indépendante de la pente, du moins jusqu'à un certain seuil que l'on peut fixer aux valeurs moyennes : on ne rencontrerait pas cela dans les terrains français.

En définitive, le graphique des caractères nous permet de camper un paysage d'un certain type zonal : par son omniprésence, l'élément minéral ne structure pas le paysage d'autant plus que nous étudions un piémont où le relief est en moyenne peu contrasté ; par contre, les divers types de toundras selon leurs degrés d'ouverture, leur complexité nuancent cet ensemble assez uniforme.

L'analyse du diagramme des individus débouche sur la définition des différentes unités élémentaires du paysage. Nous ne ferons pas une analyse exhaustive de chaque nuage puisque notre propos n'est pas de mettre en valeur les nuances locales.

Du nuage 1 au nuage 6, les points se répartissent dans un continuum ; il n'y a pas de gros hiatus dans la distribution des individus. Le nuage 1 concentre ceux où le faciès minéral du paysage est prépondérant, toutes choses étant égales. Les différentes valeurs de pentes, la nature des microformes permet de distinguer secondairement les sandurs, les moraines, les versants à éboulis au raccord avec la montagne, toutes unités où l'activité des processus morphogénétiques empêche une colonisation végétale importante.

Le nuage 6 classe les paysages de toundra fermée ou faiblement ouverte, ce sont les ensembles où les conditions de stabilité ont été suffisantes pour qu'une importante colonisation végétale arrive à son terme. C'est là que les sols sont le mieux développés avec une couleur et une structure relativement bien venue pour une telle latitude. Les espèces végétales sont en général nombreuses et étroitement spécialisées en fonction de la microtopographie. Oserons-nous dire que les individus de ce nuage sont ceux où un certain équilibre est réalisé en évoquant avec toutes les précautions qui s'imposent le terme de climax?

Entre les nuages 1 et 6 toutes les formes de transition s'ordonnent,commandées essentiellement par les paramètres biotiques alors que les paramètres géomorphologiques introduisent les nuances. Notre analyse classe donc nos individus selon un gradient où les transitions sont très douces. Par contre, le nuage 7 isole fortement des individus peu nombreux correspondant aux milieux de tourbières qui se singularisent par une forte accumulation de matière organique (caractère G et K). Cette absence de continuité dans la structure nous pose le problème de la signification de la distance factorielle entre ce nuage et les autres. D'une façon générale, lorsque des individus se séparent nettement de l'ensemble, c'est qu'ils correspondent à des cas «pathologiques», eût égard à la structure considérée, structure dont nous avons montré qu'elle classe un certain nombre de géofaciès dans leur contexte zonal. D'autres analyses de paysages ont isolé des individus «pathologiques» semblables : les pointements rocheux nus en saillie dans un ensemble forestier exubérant, par exemple.

e) Les rives voisines des fjords

Dans le second ensemble du Spitsberg, les types élémentaires sont identiques, mais la disposition générale du relief qui éloigne dans quelques cas les falaises à oiseaux du front de mer impose des intermédiaires entre les tourbières enrichies en éléments biotiques et le reste.

C) - DEFINITION DU MODELE

La définition du modèle n'a pas été immédiate, elle est passée par la reprise des analyses primaires. Elle partait d'une considération théorique fondamentale : chacune des analyse factorielles a un espace qui lui est propre. Après le traitement de chaque matrice, les graphiques factoriels transcrivent la position des caractères et des individus les uns par rapport aux autres.

Aucune de ces matrices n'étant égale, aucun des espaces factoriels n'est rigoureusement semblable à un autre : ils ne sont donc pas rigoureusement comparables. C'est pourquoi, l'idée nous est venue de définir un espace factoriel général dans lequel puisse se placer chacun des points. Il était impossible techniquement de traiter ensemble tous les points pour les deux raisons que nous avons déjà évoquées :

- l'ordinateur dont nous disposions n'avait pas les capacités suffisantes pour une telle opération.

- nous désirions ne pas nous embarasser d'une grosse matrice difficile à interpréter.

Aussi avons-nous choisi de suivre pas à pas les opérations, de sérier les problèmes pour aboutir peu à peu à un modèle pour lequel nous disposions, à travers les analyses primaires, d'une structure comparable d'un terme à un autre. Pour définir cette analyse au second degré, ce modèle de répartition théorique des paysages, nous avons choisi de traiter comme individus, les unités élémentaires définies sur les graphiques, c'est à dire les nuages regroupant les types de combinaisons propres à chaque terrain.

1) L'EXPERIMENTATION DU MODELE

Pour chacune des unités élémentaires nous avons repris les caractères en les modifiant. Après un premier essai prometteur mais qui manquait de clarté, nous avons fait une bonne douzaine d'analyses où, à chaque fois, les codages étaient modifiés, certaines variables éliminées ou introduites pour aboutir au modèle que nous évoquons maintenant.

a) Les données techniques

Il repose sur un codage qui reprend, en sa part majeure, les caractéres des analyses primaires mais en y ajoutant la complexité de définition en chacune des unités élémentaires. Cette complexité se mesure en nombre de lettres nécessaires à définir chaque catégorie de caractères. Par exemple, les corniches vigoureuses sont définies par l'absence de microformes, de sols, de litière, de végétation, par une pente forte. La formule de codage correspondante n'a que cinq lettres, uniques par catégorie descriptive. Dans d'autre cas, comme les régions boisées du Faisceau bisontin, se présentent trois types de microformes possibles (A,B,C), un sol qui est mince (E), une litière variable (J,K) des strates de végétation qui peuvent se combiner de façons variées en chaque point du nuage (N; O;NO; LNO;LMNO), enfin des pentes accusées. Dans ce cas, la formule est complexe car il n'y a que deux catégories de phénomènes exprimées par une seule lettre, les sols minces, les pentes accusées. Les autres sont le fait de plusieurs lettres associées dans la définition du type. Le critère de complexité n'est plus de même nature que les caractères bruts

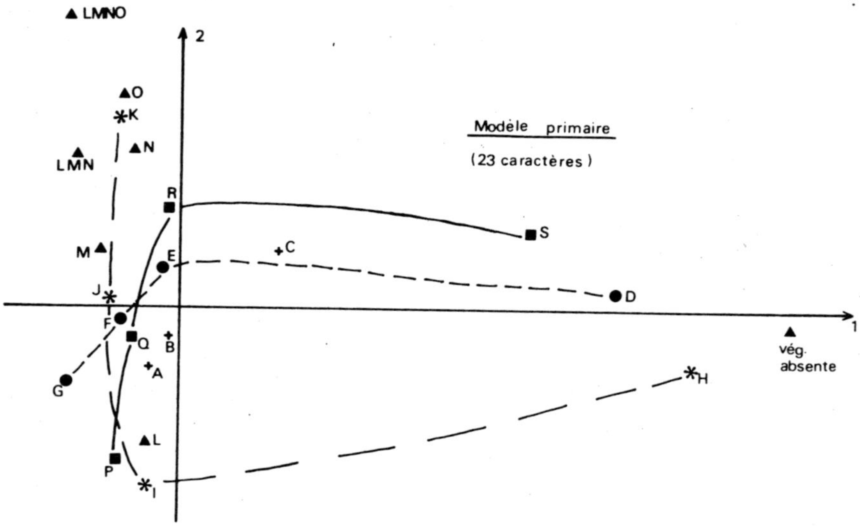
LMNO
O
K
N
LMN
R
M
E
C
S
J
D
F
Q
B
A
G
H
vég. absente
L
P
I
2
1
Modèle primaire
(23 caractères)

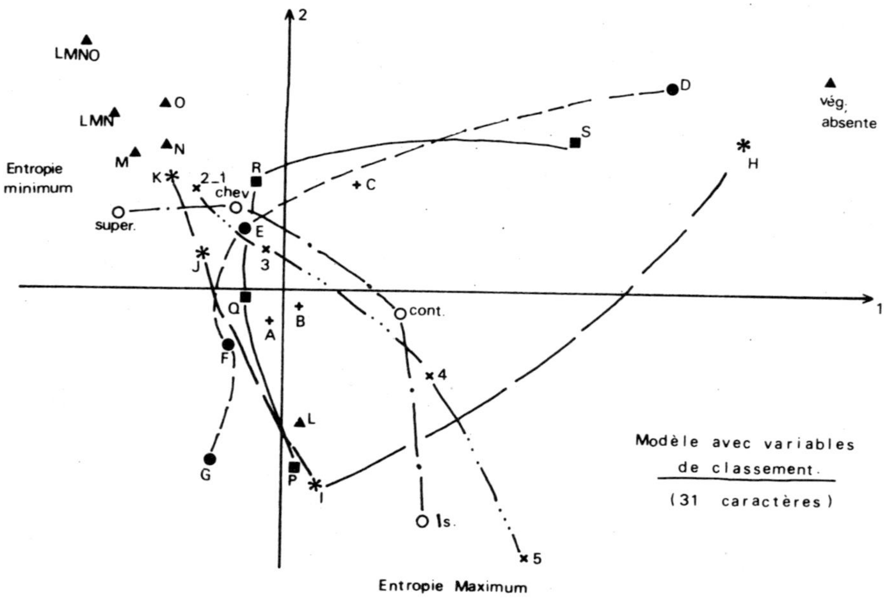
2
LMNO
O
LMN
N
M
D
vég. absente
S
H
Entropie minimum
K
2_1
R
chev
C
super.
E
J
3
Q
B
A
cont.
F
4
1
L
G
P
I
Modèle avec variables de classement.
(31 caractères)
1s.
5
Entropie Maximum

Figure 4

utilisés à la description des paysages. Ces nouvelles variables, que nous appellerons variables de classement ne caractérisent plus les individus originels attachés au terrain mais les combinaisons de types définis par les analyses factorielles mêmes.

Nous utilisons ensuite une deuxième notion supplémentaire dans ce codage, celle de contiguité. En effet, dans certains cas, l'examen de la figure 3 a du Faisceau bisontin le montre clairement, les nuages peuvent être superposés dans le plan 1 - 2 parce qu'ils sont séparés sur l'axe 3. Cette notion de contiguité permet d'introduire les apports de l'axe 3 dans notre codage fondé sur la définition des nuages selon le plan 1 - 2. C'est pourquoi nous avons distingué respectivement des nuages isolés, contigus, qui se chevauchent, qui se superposent.

Les deux variables de classement contribuent à l'élaboration d'un modèle qui ne procède pas seulement d'une description brute mais qui s'enrichit en second plan des apports originaux, spécifiques que nous ont fournis les analyses primaires.

b) L'interprétation (v.Fig.4)

De ces manipulations techniques, nous avons tiré des matrices qui impliquent une utilisation du modèle en deux temps. Il y a tout d'abord un graphique qui figure la répartition des caractères et des individus décrits selon le mode originel des analyses primaires, tous les terrains observés (soit une vingtaine) inclus ; il est porté sur la figure 4. Et puis figure 4 toujours, dans un second dessin qui introduit les variables de classement, le modèle est légèrement déformé, mais pas trop, ce qui est un gage de sa validité ; trop de complications ne nous aurait pas satisfaits. Les variables de classement sont très précisément définies, elles déforment les figures en fonction de ce que nous appellerons un effet de l'entropie, une entropie d'information relative à la précision de nos formules, à leur finesse descriptive. Ainsi conçu, cet effet est minimum du côté des zones boisées, riches, complexes qui impliquent une organisation vivante, néguentropique donc. Au contraire, cet effet où l'entropie d'information se double d'une entropie physique de la définition des milieux est maximum du côté des corniches nues, des pelouses strictes, définies par une petite prégnance du milieu biogéographique, maintenue dans sa rigueur par l'action de l'homme sur les terrains français, par les conditions bioclimatiques contraignantes dans le cas du Spitsberg.

2) LA PLACE DES TERRAINS CI-ETUDIES DANS LE MODELE (v. fig. 5 et 6).

A l'intérieur de ces modèles ou plus exactement de ce modèle double, voyons la place qu'occupent les divers terrains, représentés par les groupes de types bien entendu.

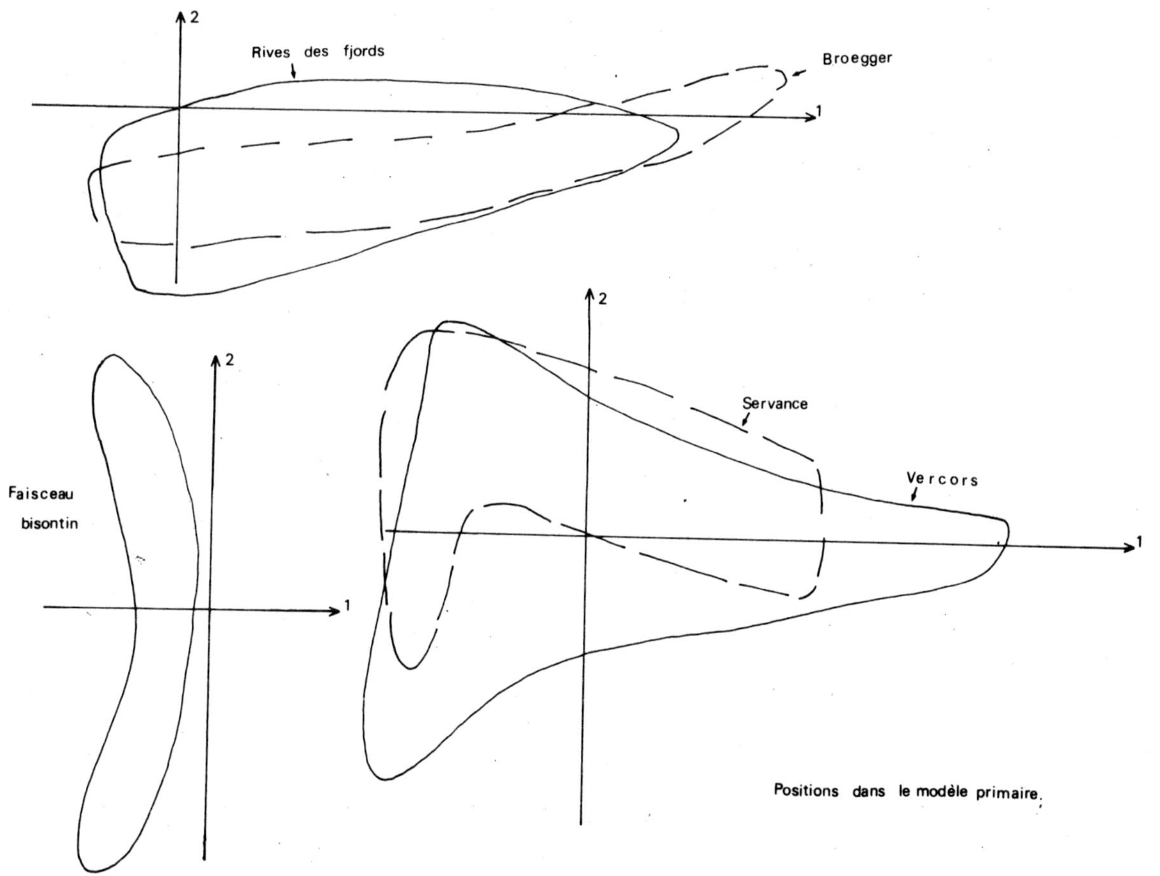

Positions dans le modèle primaire.

Fig. 5

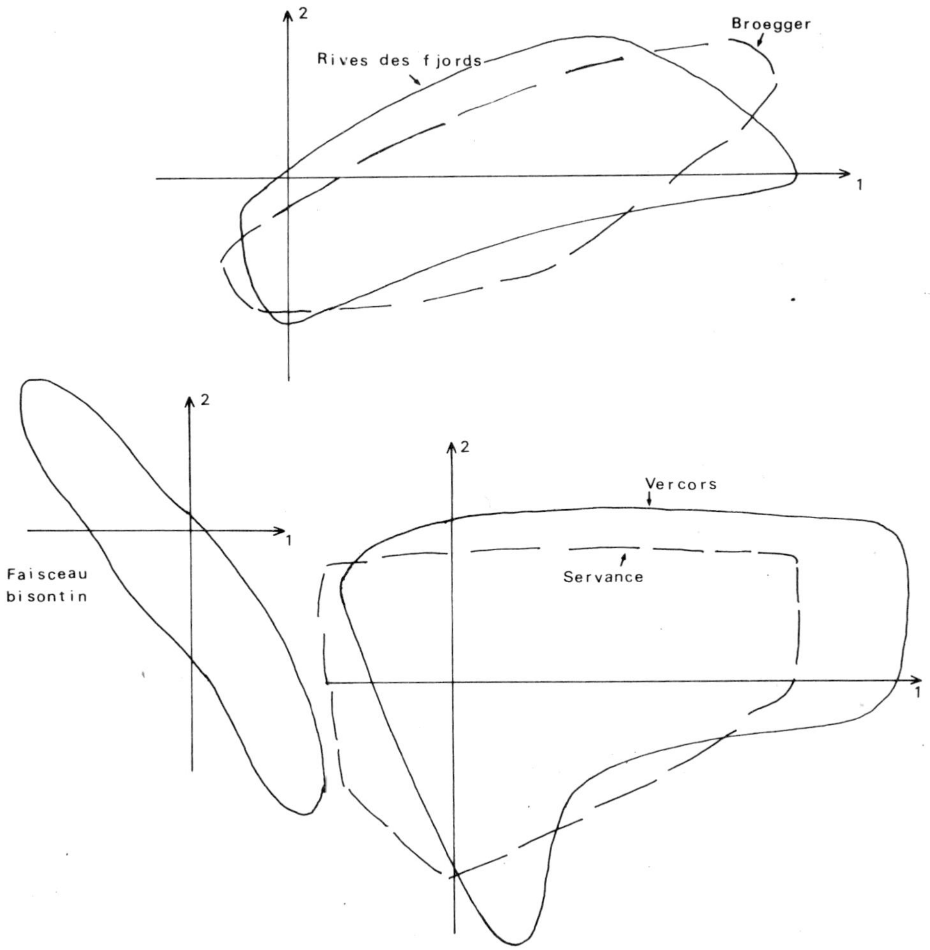

Positions dans le modèle
avec les variables de classement.

Figure 6

a) Le premier modèle à 23 caractères

Le Vercors dispose ses données normalement, en triangle, dans ce premier modèle basé sur les caractères descriptifs des analyses primaires. Dans le même temps, le Faisceau bisontin, s'ordonne essentiellement selon l'axe 2 ; il n'occupe que la base du triangle dessiné par la répartition des types du Vercors. Enfin le Ballon de Servance, où la pente commande la répartition de la végétation boisée, occupe le haut du graphique depuis le 2 positif vers le 1 positif avec une légère pointe vers la zone des prairies (le 2 négatif), des milieux biogéographiquement pauvres. Et puis, avec une conformité qui n'était pas au départ inéluctable, les terrains du Spitsberg se mettent en place sur une ligne qui va du biogéographique faible au minéral. En effet, quelle que soit l'importance des tourbières liées aux corniches à oiseaux, elles ne représentent jamais, tant s'en faut, l'équivalent d'une forêt pluristrate. Depuis le 2 négatif vers le 1 positif, en bas de la figure, les terrains arctiques présentent des faciès minéraux d'un type bien particulier ; comme les pentes fortes sont absentes, la répartition s'effectue en-dessous de l'axe 1 ou à la hauteur sans guère aller au-delà, où se manifestent les pentes très fortes.

A travers ces quatre dispositions s'effectue une mise en place approchée de tous les cas présents dans les zones examinées.

b) Le modèle à 31 caractères

L'impact de l'entropie est très variable d'un terrain à l'autre.

Pour le Vercors, l'entropie est surtout sensible dans les corniches et dans les pelouses strictes, peu chargées en végétation, qui s'orientent vers l'axe 2 négatif. De la figure 5 à la figure 6, le nuage correspondant se déforme alors aux extrémités.

Au Ballon de Servance l'entropie est assez généralisée car le milieu, malgré sa richesse en formations végétales élevées, reste strict, constitué de futaies sans sous-bois sur des pentes vigoureuses ou d'éléments de corniches couverts de quelques hauts arbres. L'entropie se manifeste tout au long du nuage et l'ensemble est étiré sur sa largeur.

Dans le Faisceau bisontin la complexité est plus grande dans la mesure où le nuage est allongé le long de l'axe 2 et où l'entropie se fait sentir différentiellement d'un point à l'autre ; certains faciès forestiers restent dans le secteur néguentropique, celui des formations végétales, complexes, multistrates. Il s'agit là des formes peu travaillées ; à l'opposé, d'autres forêts jardinées, entretenues, se décalent vers une entropie plus forte tout comme les pelouses paturées qui gagnent une entropie considérable.

Au Spitsberg, l'entropie se manifeste surtout au niveau des faciès minéraux purs, ce qui aboutit à étoffer le nuage très allongé dans le premier modèle.

D'une forme à l'autre du modèle, zone par zone, en fonction des conditions locales, notre intérêt se porte vers une expression plus abstraite des états du paysage qui indique le caractère complexe ou simple, riche ou entropique de ces diverses formations. Quelles que soient les conditions zonales spécifiques de leur définition nous avons pu, par un choix raisonné des termes de description obtenir une image qui évoque ce que peut être une répartition théorique des paysages.

3) LE DIAGNOSTIC DES DIFFERENCES ZONALES

Au delà de ce résultat, une question demeure : comment s'effectuent les différences zonales ? Notre modèle nous permet-il un diagnostic sur la nature de ces différences ? En effet, à travers les analyses primaires, à travers leur reprise dans un modèle, retenons le mot même s'il est ambitieux, il y a une structure des paysages relativement stable dont les principes d'explication sont constants. Il y a matière à discussion sur la part que ces principes d'explication tiennent dans les divers paysages où ils forment des configurations différentes propres à susciter des comparaisons dans le menu. Mais le fait s'impose aussi, qu'au côté de principes généraux il en existe d'autres qui révèlent le caractère proprement zonal des divers milieux.

a) En France

Dans l'ensemble des terrains, les milieux tantôt s'opposent entre minéraux et biogéographiques, tantôt s'associent en fonction d'un principe d'ordre (la pente dans un cas précis), tantôt se traduisent par une répartition biogéographique. Celle-ci dessine alors la meilleure image du paysage, même si, par hypothèse, cette dernière n'est pas réductible à la seule physionomie végétale : dans ce cas, ce qui exprime le plus visiblement la combinaison des caractères c'est la répartition des formations végétales.

Dans ces exemples, ce qui est anormal, et que l'axe 1 classe parfois en premier, c'est la présence du milieu minéral. On pourrait, d'une façon lapidaire, dire que, dans la zone tempérée dont la France fait partie, ce qui est le plus visible, c'est l'aspect végétal du paysage ; à ce propos, il est d'ailleurs révélateur que bon nombre de géographes français ont pendant longtemps tronqué la notion de paysage en la réduisant à celle de paysage végétal.

Les corniches représentent les éléments anormaux. Cela paraît logique aux latitudes tempérées où l'essentiel des énergies produites par le rayonnement solaire tend à favoriser l'établissement d'une couverture végétale continue que l'activité séculaire des hommes a maintenue. L'apparition d'une énergie d'une autre nature liée à la vigueur de la pente donc aux effets conjoints et antinomiques de la pesanteur et de la tectonique introduit le phénomène azonal de corniche, voire, en plus ample, de haute montagne. Il est particulièrement net dans le Vercors mais présent aussi dans le Faisceau bisontin malgré le poids très fort du biogéographique.

b) Au Spitsberg.

Les différences jouent à deux degrés : si l'on veut affiner l'analyse, il faut diversifier les descripteurs primaires que nous avons retenus et introduire certaines données relatives à la nature géomorphologique du matériel. Nous avons établi 5 classes granulométriques :

- unimodale faible
- " moyenne
- " forte
- amodale hétérométrique
- bimodale hétérométrique

Ce critère opère une parition secondaire des nuages très nette, entre les moraines (classe amodale), les aires de cryoturbation à sol figurés (classe bimodale) les toundras continues à matériel fin voire moyen, les pavages minéraux des sandurs et des cordons littoraux à galets. Si l'on voulait poursuivre du travail de codage plus précis sur cette zone arctique c'est donc en direction des caractères géomorphologiques que devraient s'orienter nos recherches. Parcontre, en France, un travail analogue mettra l'accent sur une approche plus détaillée des formations végétales : pour le Faisceau bisontin c'est évident. On retiendra des critères d'espèces ou des critères physionomiques plus précis, par exemple.

Outre ce premier point, ce qui souligne des particularités azonales, c'est l'existence parmi les formations du Spitsberg d'anomalies qui ne sont plus liées au substrat géomorphologique mais au contraire à l'apparition paradoxale de milieux biogéographiquement riches. En effet, en France, ces cas d'exception correspondaient le plus souvent à des individus «minéraux» dans un environnement dominé par le biotique, plus concrètement, une crête rocheuse dans une vaste aire forestière par exemple. Si en milieu tempéré, l'arête en roche vive est une particularité azonale, ne sommes-nous pas devant un cas semblable dans notre terrain arctique ? Oui, mais ici, les critères de zonalité changent de nature. La tourbière, dans un environnement minéral, correspond à une exacerbation accidentelle du potentiel biogéographique. Si en milieu tempéré, l'absence de végétation peut s'expliquer aisément par certaines conditions locales, mettant en jeu les énergies que nous évoquions ci-dessus, dans l'arctique, un excès de production organique pose les problèmes à une autre échelle puisque les facteurs limitants (température, lumière, rayonnement) sont une donnée générale de l'écosystème qu'aucune particularité locale ne saurait réduire. En fait, notre analyse factorielle a mis en valeur un des éléments, azonal s'il en est, des équilibres biogéographiques du Spitsberg : le transfert d'énergie lié à la dérive

Nord-Atlantique dont la branche septentrionale atteint les côtes de l'archipel.

En effet, les individus du nuage 7 de l'analyse primaire (Presqu'île de Broegger) correspondent à des tourbières situées sous les falaises à oiseaux. Le guano permet un développement accru des plantes dont les débris non décomposés s'accumulent lorsqu'il existe une topographie adaptée. Les oiseaux qui nichent dans les falaises (Pingouins, Guillemots, Macareux, Mouettes, Goélands, etc...) vivent exclusivement aux dépens de la mer qui au large est relativement chaude. La production primaire y est plus importante en même temps qu'allogène en bonne part. Les oiseaux concentrent et servent de véhicule à cette énergie puisée dans la mer et restituée aux plantes des tourbières dont on peut dire qu'elles représentent un géofaciès importé de régions plus méridionales, d'où la position marginale des individus correspondants dans notre espace factoriel. Dans l'analyse des autres terrains arctiques, le vide factoriel qui isole les tourbières est en partie comblé par certains faciès où l'influence biogène des oiseaux se dilue davantage sur de larges piémonts qui séparent le front côtier nourricier de l'habitat-refuge des falaises : ici les caractères locaux du strandflat pondèrent les effets azonaux du foisonnement animal. Nous voyons comment s'imbriquent les moteurs de la définition du paysage, en un jeu subtil et complexe de phénomènes d'ordres de grandeur variés.

CONCLUSION

En prolongement de cet article on aperçoit la possibilité de retrouver des structures qui soient utilisables, dans une grande variété d'endroits à la surface du globe, toutes précautions techniques de codage et de traitement étant prises. Il nous reste à faire le test de notre méthode dans des régions autres, équatoriales, tropicales, voire désertiques. Certains d'ailleurs ont déjà travaillé dans cette voie, en particulier Richard et Filleron qui ont montré qu'en région subsoudanaise, l'analyse factorielle par un codage très proche du notre, quoique plus détaillé, aboutissait à définir des milieux selon le même mode, avec un schéma d'explication proche du nôtre. Nous avons donc, semble-t-il mis le doigt sur un instrument de portée réellement générale.

En second lieu, lorsqu'on analyse en détail chacun des graphiques soit séparément, soit par comparaison aux autres, certaines différences demeurent qui ne s'expliquent pas autrement que par le recours à de grands thèmes. C'est une position de principe certes, mais il nous semble précieux de pouvoir rattacher nos explications à des notions générales (ici l'explication zonale), plutôt qu'à l'analyse de mécanismes très particuliers.

Enfin, grâce à notre optique globale, nous avons tenté de saisir d'emblée à travers une description des milieux, une partition de l'espace en régions dans lesquelles s'exercent des forces qui se constituent en système originaux. Notre approche est marquée par de grandes simplifications ; il est vrai que pour l'instant, nous nous contentons de décrire, au niveau élémentaire, des portions d'espace au sein desquelles nous présumons l'existence de tels systèmes de forces. Mais elle laisse place à toute une série de prospections ultérieures plus nuancées, comme celles qui ont été ébauchées au Spitsberg. A partir du moment où nous pensons possible de décripter ce champ de force à travers la description des formes qu'il réalise, l'analyse peut se subdiviser indifiniment. Rien ne nous en empêche car nous possédons un cadre clair pour cerner en première approche ce qui est en jeu. C'est dans ce sens que nous avons voulu comparer des terrains très différents dans un modèle encore grossier pour essayer d'apporter la présomption, sinon la preuve, de sa validité.

Dès lors, deux voies s'ouvrent à notre recherche :

- par subdivision des systèmes de forces, donc par subdivision spatiale des unités.

- par l'analyse précise des mécanismes qui se produisent à l'intérieur des systèmes. Cette seconde voie n'est pas neuve dans son intention, mais cette fois nous nous appuierons sur une base spatiale définie, sans prendre comme cela peut se produire, les systèmes tels qu'ils sont donnés ou tels qu'ils sont imaginés être donnés. Pour l'instant, nous voulions conduire d'une façon ordonnée l'approche taxonomique du phénomène de paysage : il nous semble que nous n'avons pas travaillé totalement en vain.

1) MATHIEU, ROUGERIE, WIEBER. 1971.
2) ROUGERIE, MATHIEU, WIEBER. 1972.
3) MASSONIE, MATHIEU, WIEBER. 1971.
4) MATHIEU, WIEBER. 1973.
5) MATHIEU, WIEBER, 1973 a.
6) BERTRAND. 1968.
7) RICHARD. 1972.
8) RICHARD et FILLERON. 1974

BIBLIOGRAPHIE

1- BERTRAND G. 1968. Paysage et géographie physique globale : esquisse méthodologique.
Revue Géographique des Pyrénées et du Sud-Ouest, no3, p. 249-272.

2- MASSONIE J.Ph., MATHIEU D., WIEBER J.C. 1971. Application de l'analyse factorielle à l'étude des paysages.
Cahiers de Géographie de Besançon, Séminaires et Notes de Recherche, no 4, 51 p. ronéot.

3 - MATHIEU D., ROUGERIE G., WIEBER J.C. 1971. Projet de cartographie des structures de la végétation et des témoignages de la dynamique érosive.
Bulletin Association des Géographes français, no 387-388, p. 185-193.

4 - MATHIEU D., WIEBER J.C. 1973 . L'analyse des structures des paysages naturels.
L'Espace Géographique . Tome II, no 3, p. 171-184.

5 - MATHIEU D., WIEBER J.C. 1973 a, Essai de construction d'un modèle des structures du paysage.
Cahiers de Géographie de Besançon, Séminaires et Notes de Recherche, no 10, p. 47-98.

6 - RICHARD J.F. 1972. Essai de définition de la Géographie du paysage.
Cahiers de la R.C.P. 231, No 4, 80 p. multigraphiées.

7 - RICHARD J.F. et FILLERON J.C., 1974. Recherches sur les paysages subsoudanais, les géosystèmes de la région d'Odienne (N.W de la Côte d'Ivoire).
Annales Université d'Abidjan, série G (Géographie) T.VI, p. 103-168

8 - ROUGERIE G., MATHIEU D., WIEBER J.C. 1972. Présentation de fiches techniques pour l'observation cohérente et systématique des éléments du paysage.
«La Pensée Géographique française contemporaine», Presses Universitaires de Bretagne, p. 175-185.

DEUX SOCIÉTÉS D'AMÉNAGEMENT RÉGIONAL DANS LA RUHR : GÉNESE ET ACTIVITÉS

J.M. HOLZ - Université de Besançon

Le développement économique en R.F.A. s'articule à divers niveaux : le plus important demeure celui de la grande entreprise, dont la stratégie (volume et localisation des investissements) est déterminant pour l'avenir des villes et des régions. L'Allemagne occidentale demeure attachée au libéralisme économique en vigueur depuis 1945. Les contraintes étatiques héritées du nazisme, ont été systématiquement démantelées, les ententes et monopoles combattus ; toute l'œuvre économique du Bund a consisté à instaurer un «ordre libéral» rénové qu'a inspiré W. Eucken et l'École de Fribourg, et que met en pratique L. Ehrard.

Pourtant l'Allemagne occidentale n'échappe pas à l'emprise grandissante des pouvoirs publics dans l'économie nationale, et s'écarte progressivement de l'orthodoxie libérale, comme en témoignent le rôle croissant des investissements publics, une politique conjoncturelle décisive depuis la récession de 1967, de multiples «interventions adaptatrices» dans les secteurs protégés comme l'agriculture, les transports, l'industrie charbonnière. La *Fédération* n'a pas en droit, la charge spécifique du développement économique régional ; l'article 75 de la Loi Fondamentale inspire la Loi d'Aménagement du Territoire (1) qui assigne à la Fédération la tâche de fixer le cadre général dans lequel doit se dérouler le futur développement du pays ; pourtant elle peut opérer des interventions directes dans les régions-problèmes, comme la zone frontalière avec la R.D.A., certaines zones rurales, les bassins houillers enfin. Les *Länder* promulguent programmes et plans de développement (2) qui visent à transposer les principes de l'Aménagement du territoire dans ceux des droits du Land, et de les y rendre obligatoires ; ils assument une charge importante du développement économique, en participant aux interventions fédérales dans les zones critiques, et en soutenant l'activité économique et financière des *communes*. Mais l'initiative appartient, en dernier ressort, à ces dernières, cellules vitales de la vie économique allemande. Jouissant d'une autonomie administrative importante, et de ressources financières assez confortables, elles peuvent s'employer à améliorer et renforcer leur situation économique ; elles élaborent les Schémas directeurs d'Urbanisme (Bauleitplanung), et les Plans d'occupation des Sols (Bodennutzungsplan) qui doivent être compatibles avec la législation du

Land et du Bund ; ainsi les zones industrielles, instruments d'urbanisme, font partie des attributions des communes, comme aux Pays-Bas ; elles ne s'insèrent qu'exceptionnellement dans une politique régionale ou fédérale d'expansion.

Mais une crise à la fois sectorielle, sociale et régionale, grave et durable, comme la reconversion industrielle des bassins charbonniers est-elle du ressort de la commune - qui détient l'initiative, en partie du moins, en matière économique - ou des pouvoirs publics de rang supérieur, aux moyens plus puissants ? Les problèmes qui assaillent les communes des bassins houillers sont multiples, analogues, urgents. Comment concilier cette multiplicité des problèmes et une conception globale de l'aménagement ? L'analogie des difficultés et le morcellement administratif qui sous-tend la concurrence entre communes ? L'urgence des solutions au niveau communal et le respect d'une planification élaborée aux niveaux supérieurs ?

Quoique les territoires de compétence des multiples offices, institutions et sociétés intéressés par l'aménagement de la Ruhr se chevauchent inextricablement, ces problèmes semblent avoir reçu 2 types de solutions efficaces :

- Les solutions globales : elles concernent l'aménagement de l'espace, et les structures administratives régionales. Ainsi l'Association pour l'aménagement du bassin houiller de la Ruhr (3) collectivité de droit public formé en 1920, demeure l'un des plus remarquables organismes d'aménagement dans le monde. D'autre part, la réforme des structures administratives progresse rapidement en Allemagne ; la fusion de communes (Eingemeindung) ou de Kreis est considérée comme un puissant instrument d'aménagement, puisqu'elle confère à ces entités administratives un volume de population, d'emploi et de ressources suffisant pour que leur autonomie ne soit pas un vain mot. (cf. la réforme projetée dans la Ruhr).
- Les solutions spécifiques : elles intéressent un secteur de l'économie.

Ainsi le problème de l'eau relève de la compétence de six associations (4) qui veillent, en collaboration avec les communes et les industries, à l'approvisionnement des villes et à l'épuration des eaux résiduelles.

Nous souhaitons exposer dans la présente étude la genèse et l'activité de deux sociétés d'aménagement, de droit privé, chargées l'une d'un problème global, l'autre d'un problème spécifique. Dans le premier cas, c'est la rigidité des structures administratives, leur inadéquation à l'œuvre de rénovation économique qui a poussé des communes de taille moyenne à unir leurs efforts : elles ont confié à la Wirtschaftsforderungsgesellschaft für den Kreis Unna mbH (5) la promotion économique de leur Kreis. Dans le second cas, les sociétés minières et les pouvoirs publics ont chargé l'Aktionsgemeinschaft Deutsche Steinkohlenreviere GmbH (6) de la liquidation du patrimoine foncier des sociétés minières touchées par la crise.

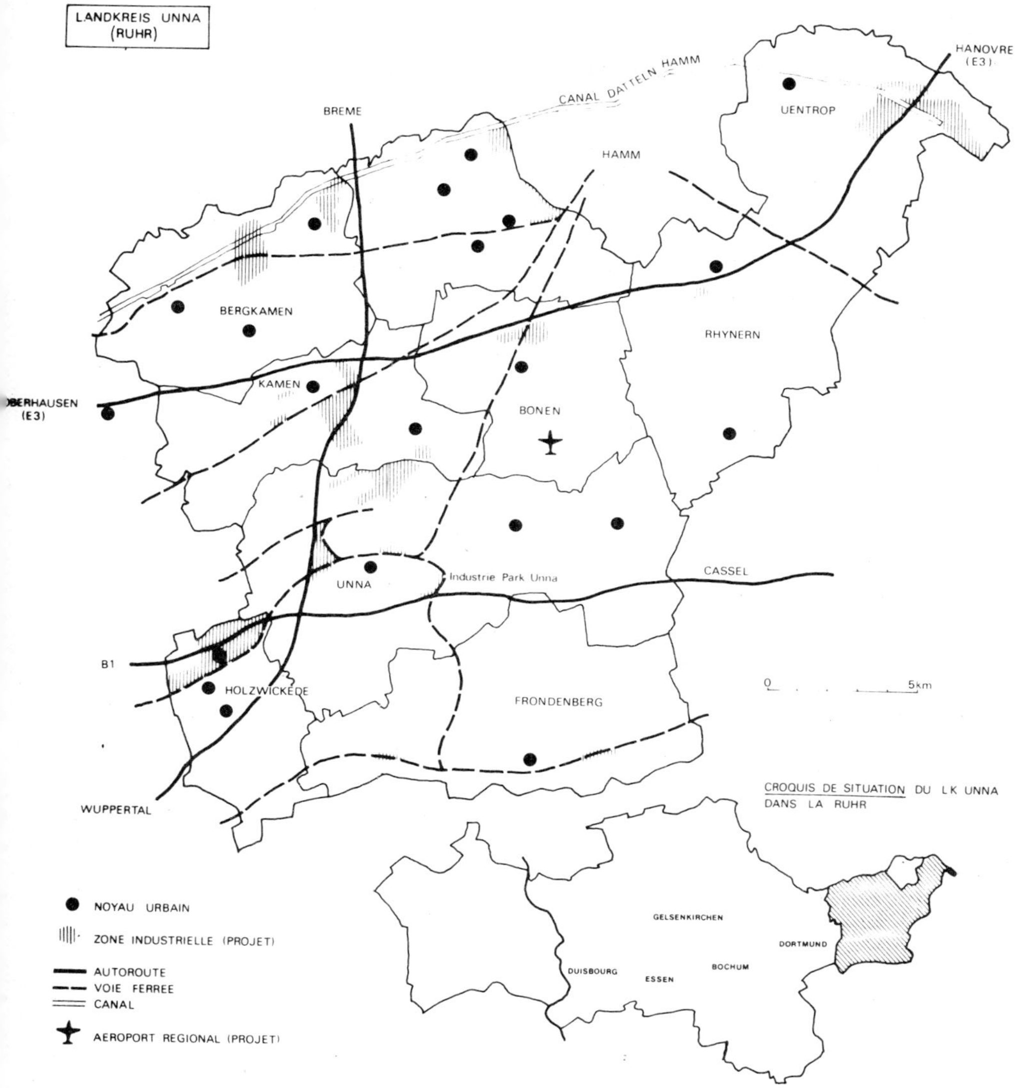
LANDKREIS UNNA (RUHR)
CANAL DATTELN HAMM
HANOVRE (E3)
UENTROP
BREME
HAMM
BERGKAMEN
RHYNERN
KAMEN
BERHAUSEN (E3)
BONEN
UNNA
Industrie Park Unna
CASSEL
B1
HOLZWICKEDE
0 5km
FRONDENBERG
WUPPERTAL
CROQUIS DE SITUATION DU LK UNNA DANS LA RUHR
GELSENKIRCHEN
DORTMUND
DUISBOURG
ESSEN
BOCHUM
NOYAU URBAIN
ZONE INDUSTRIELLE (PROJET)
AUTOROUTE
VOIE FERREE
CANAL
AEROPORT REGIONAL (PROJET)

Leur champ d'activité est inégal, respectivement un Kreis de Rhénanie de Nord-Westphalie, et l'ensemble des bassins houillers, mais il intéresse au premier chef la reconversion de la Ruhr, principal bassin houiller d'Europe.

I - *UNE SOCIÉTE DE PROMOTION ÉCONOMIQUE : WIRTSCHAFTS-FORDERUNGSGESELLSCHAFT FUR DEN KREIS UNNA mbH*

De cette société de développement nous étudierons successivement les origines et modalités de sa création (5), son organisation (6), son activité (7) avant d'examiner quels problèmes juridiques pose la promotion économique (Wirtschaftsförderung) dans le cadre communal (8).

1. Vers la fin des années 1950, les responsables du Landkreis (7) de Unna dressent un bilan inquiétant de la situation économique du Kreis ; le solde migratoire demeure négatif, le taux d'activité faible, la prépondérance du charbon marquée (un quart des actifs). Le Kreis se caractérise par un excès d'Auspendler (8) ; l'action conjuguée de ces différents facteurs détermine un faible revenu fiscal ; en effet, en 1961, un actif rapporte à sa commune de travail (Betriebsgemeinde) environ 500 DM au titre de la patente (Gewerbesteuer) ; la commune de résidence de cet actif ne perçoit au titre de la péréquation horizontale (Gewerbesteuerausgleich) que 100 DM environ, loin de compenser la perte d'un «homme-producteur» sur place et les frais qu'impose l'«homme-habitant». Ainsi le LK Unna enregistrait annuellement une perte de 35 M DM compensée à concurrence de 40 % seulement par la péréquation horizontale. Faiblesse économique, faiblesse fiscale, faiblesse administrative enfin : le Kreis était morcelé en 75 communes, dont aucune n'atteignait le seuil de viabilité fixé à 8 000 habitants par divers experts de Rhénanie-Palatinat et de Basse-Saxe (9). Pourtant un examen attentif laissait entrevoir des possibilités d'expansion certaines : de vastes terrains sont disponibles aux portes d'une région industrielle saturée, l'accessibilité est remarquable (quand le plan autoroutier sera achevé, près de 60 % de la surface et 80 % de la population du Kreis seront distants de moins de 5 minutes en automobile d'une autoroute) ; un énorme marché de 5 M habitants à moins d'une heure d'automobile ; enfin des réserves de main d'œuvre assez importantes puisque des enquêtes ont précisé que les 2/3 des Auspendler cherchaient un emploi dans le Kreis et que par ailleurs, le taux de féminité de l'emploi demeurait très faible. Les autorités, conscientes du divorce entre les potentialités du Kreis et sa situation, ont entamé une politique à long terme de rénovation économique et administrative de leur région. Une étude est confiée en 1963 à la «Wirtschaftsberatung A. G. Dusseldorf» en vue de déterminer rationnellement par une analyse multicritère les noyaux autour desquels se regrouperont progressivement les diverses communes ; les premières fusions s'opèrent moins de 6 mois après le dépôt des conclusions de la So-

ciété. La loi de réforme du 19.12.1967 accélère le mouvement (10) ; aujourd'hui, le nombre de communes est tombé de 75 à 9. Deux remarques s'imposent : la prompte application d'un principe adopté lors d'une conférence des maires dont le caractère passionnel ne nous échappe pas ; l'optique résolument économique de l'aménagement régional : les communes sont des entités semblables aux entreprises ; pour atteindre un seuil de rentabilité leur fusion s'impose. La sacro-sainte autonomie communale (Selbstverwaltung) dût-elle en souffrir.

La fondation de WFG est la seconde étape de cette politique. Elle avait été précédée en 1959 par la création d'un comité d'expansion (Wirtschaftsförderungsamt) ; les inconvénients de ce service public ont été rapidement dénoncés (11) le travail est ralenti, malgé les bonnes volontés, par les multiples arrêts et décrêts administratifs, trop longs, compliqués et détaillés pour parvenir à des résultats pratiques. W.F.G., fondée le 21.7.1961, société de droit privé, devait offrir une structure plus dynamique libérée de toute bureaucratie et susceptible de mener à bien la lourde tâche de rénovation économique qui lui était confiée.

2. La W.F.G. a son siège à Unna (art. 1 des statuts) ; son objet (art. 2) demeure l'amélioration de la structure économique et sociale du Landkreis Unna ; mais les moyens mis en œuvre pour l'atteindre ont été modifiés dans un sens restrictif en 1963. La Société était auparavant autorisée à conclure de multiples affaires lui permettant d'atteindre ce but, tant dans le domaine économique (achat, vente, location de terrains, travaux d'infrastructure) que social (construction de crèches, écoles, églises, foyers, espaces de loisirs). Le ministère de l'Intérieur de Rhénanie-Westphalie devait spécifier que la séparation minutieuse des tâches de W.F.G. (promotion industrielle) et de l'administration communale (promotion sociale) est de rigueur. D'un autre côté, l'Administration des Finances faisait observer que seul le fait d'inscrire dans son objet des actions d'utilité publique pouvait faire bénéficier la Société d'une minoration fiscale de 50 000 DM, nécessaire au moins les premières années. La version définitive de l'article 2, compromis entre l'exigence d'utilité publique et le respect de domaine réservé à l'administration communale, assigne à la société un double but : promouvoir l'industrialisation du Landkreis, informer et conseiller les entreprises sur les disponibilités en terrains, en crédit, en main d'œuvre, en logements et équipements sociaux divers. Le capital social, porté de 2 M DM à 4 Mio DM est réparti de la manière suivante :

TABLEAU 1

Le capital social de W.F.G. Unna

Kreis Unna :	1 600 000 DM
Stadt Bergkamen	437 000 DM
Stadt Unna	480 000 DM
Gemeinde Pelkum	315 300 DM
G. Bönen	180 700 DM
G. Rhynern	84 500 DM
G. Uentrop	151 500 DM
Stadt Kamen	329 500 DM
Stadt Fröndenberg	196 000 DM
G. Holzwickede	225 000 DM
	4 000 000 DM

Les articles 10 à 22 précisent la composition et le fonctionnement des organes de W.F.G. : une assemblée générale de 40 membres (quatre représentants par sociétaire) disposant d'une voix pour 1 000 - DM de capital. Deux clauses d'équilibre interne : il est entendu que les parts ne peuvent être cédées qu'à des communes ou syndicats de communes du Kreis Unna (art. 6) et que le transfert de part consécutif au retrait d'un sociétaire ne doit pas aboutir à donner la majorité à un sociétaire (art. 23). Un conseil de surveillance de quinze membres : deux représentants pour le LK Unna, un pourchacun des autres sociétaires et pour le SVR ; les trois autres membres sont choisis par l'assemblée générale, dont deux sur proposition du LK Unna. Les membres sont élus pour une période de 5 ans calquée sur leur mandat communal ; le conseil de surveillance élit en son sein le Directeur général; rouage essentiel, la Direction comprend le directeur général, un ingénieur économiste, deux urbanistes, deux ingénieurs des travaux publics, un juriste et un gestionnaire. Souplesse et polyvalence caractérisent ce Bureau, dont la liberté d'action s'inscrit pourtant dans des limites assez étroites : l'assentiment du Conseil de surveillance est exigé pour toute décision relative à l'achat, ou la vente de terrains dont le prix dépasse 10 000 DM, à l'octroi d'un crédit supérieur à 5 000 DM, à la signature d'un bail pour une durée de plus d'un an (art. 22)

3. L'activité de W.F.G. : elle se situe à deux niveaux : d'une part, contacter et conseiller les entreprises susceptibles d'améliorer la structure économique du LKU, d'autre part, créer les structures d'implantation adéquates.

L'action publicitaire est fortement tributaire de la conjoncture économique ; en 1974, aucun budget publicitaire n'était prévu étant donné la faiblesse des investissements ; en revanche, en 1973, il atteignit 170 000 DM, consacrés à la réalisation d'un prospectus sur l'Industriepark (cf. infra) distribué à près de 8 000 exemplaires, et à la publicité dans divers magazines d'économie, ainsi que sur la route fédérale B1 ; l'Aktions-gemeinschafts Ostliches Ruhrgebiet contactait de son côté près de 10 000 firmes. Il ne semble pas que ces efforts aient été immédiatement couronnés de succès ; on peut d'ailleurs s'interroger sur l'efficacité d'une telle publicité de masse ; un contact personnalisé avec quelques entreprises soigneusement et rationnellement sélectionnées serait sans doute plus profitable. Cette action se double d'un service de conseils sur l'opportunité d'une implantation à Unna ; W.F.G. travaille en étroite relation avec l'Arbeitsamt Hamm pour informer au mieux les industriels des disponibilités en main d'œuvre ; un centre de recyclage a été construit récemment près de Unna qui peut accueillir 120 personnes. La Unnaer Kreis Bau-und Siedlungs-gesellschaft, A.G., construite sur le modèle de W.F.G., se charge de maintenir une offre suffisante de pavillons, logements et terrains à louer ou acheter à proximité des parcs industriels. W.F.G. renseigne enfin sur les possibilités de crédit et d'aides diverses dont peuvent bénéficier les entreprises s'implantant dans la région. Trois villes, Unna, Kamen et Bergkamen bénéficient d'une aide du Land pouvant atteindre 7,5 % des investissements, au titre des Directives de 1972 (12) ; d'autres possibilités au titre des fonds ERP (anciens Fonds Marshall) existent, des prêts spéciaux sont accordés pour les fondations de nouvelles entreprises coopératives. W.F.G. sert également d'intermédiaire avec la Westdeutschen Landesbank Girozentrale (Münster), qui peut accorder des prêts spécialement adaptés aux besoins des entreprises, et prendre également des participations ou souscrire aux augmentations de capital par sa filiale, Rheinisch-Westfälischen Kapitalbeteiligungsgesellschaft mbH. Mais très souvent, ces aides, que complètent diverses subventions, s'avèrent insuffisantes, ou impliquent une charge trop lourde aux petites et moyennes entreprises. W.F.G., en accord avec WestLB, construit et loue des locaux industriels, moyennant une légère participation aux frais. Après accord, et selon la taille de l'établissement, le prix du bail est considéré comme tout ou partie d'un paiement par acompte des coûts de construction, si bien qu'avec cet amortissement, ce rachat différé, la firme devient propriétaire de son usine ; elle peut donc s'implanter sans courir le risque de gros investissements initiaux ; à l'inverse, le capital de W.F.G. n'est pas menacé, puisqu'en cas de résiliation par la firme, W.F.G. dispose à nouveau de ses locaux. On peut citer l'exemple d'une petite entreprise de construction... Peut-on dresser un bilan de son action ? Le patrimoine foncier de la société (en zones industrielles et terrains nus) atteint près de 90 ha au 1.1.1974, estimés à 10 Mio DM. La société aménage actuellement deux grands parcs industriels, à Rhynern et Unna (13). L'Industriepark Unna (120 ha) absorbe l'essentiel des efforts et des ressources ; situé aux portes de la ville, il est desservi par l'autoroute Ruhrgebiet-Kassel, les routes fédérales B 233 et B 1, et la voie ferrée Unna-Fröndenberg. Les parcelles aménagées, dont la taille varie de 0,3 à 6 ha, peuvent être soit achetées (21 à 26 DM/m2 en 1972) (14), soit louées sur 99 ans (1,40 à 1,75 DM/m2 par an, avec indexation sur le coût de la vie), soit louées temporairement avec rachat ultérieur, au taux de 1 à 1,30 DM/m2 par an. Au total, depuis 1961, W.F.G. a vendu près de 4,8 Mio M2 de terrains industriels où se sont implantés 113 établissements, fournissant 11 300 emplois (tableau 2). Le L.K.Unna fait figure aujourd'hui de «point-fort» (Schwerpunkte) (15) dans l'est de la Ruhr (tableau 3) ; mais l'impulsion vient en fait, de deux puissantes firmes récemment implantées, Du Pont de Nemours à Uentrop (1965) et Vereinigte Deutsche Metallwerke à Unna (1970). Il n'est pas sans intérêt de préciser les modalités d'implantation d'une firme multinationale dans la Ruhr.

Les premiers contacts avec Du Pont de Nemours ont été pris en mars 1967 ; huit mois plus tard, la firme construisait une usine à Uentrop. Cet investissement de 200 M DM. était conforme aux objectifs du plan d'amélioration structurelle du Land de Rhénanie du Nord Wesphalie (16), au plan de développement du SVR (17) et au plan d'aménagement régional du Landkreis Unna (18). Un accord est signé aux termes duquel W.F.G. vend à Du Pont un terrain de 150 ha qu'elle ne possédait pas encore mais s'engage à acheter dans un délai de un mois ; Du Pont verse une somme de 100 000 DM pour cession de ce droit d'achat ; si la firme fait usage de ce droit, le prix du terrain s'élève à 3 DM/m2 (tableau 4), si elle n'en fait usage qu'avec retard on résilie son contrat, on peut acheter le terrain en temps voulu, la Société rembourse les 100 000 DM, - et verse une indemnité équivalente à Du Pont. D'autres clauses sont signées afin d'assurer un démarrage rapide des opérations ; on sait en effet que le principal obstacle à une reconversion industrielle en bassin charbonnier est le *délai* relativement long qui sépare dans un premier temps la fermeture d'une mine et la décision d'implantation d'un établissement nouveau, dans un second temps, cette décision et les premières créations d'emploi. W.F.G. s'octroie donc un droit de reprise du terrain si Du Pont n'a pas, dans un délai de 6 mois après le transfert de propriété, déposé une demande de construction pour son usine, ou si, dans un délai d'un an, toutes les autorisations nécessaires n'ont pas été encore obtenues, droit dont la Société d'Aménagement ne peut faire usage sans préavis, et si Du Pont a entrepris les démarches nécessaires dans un délai de un mois après cet avertissement. Il est entendu que ces démarches ne sont pas de la compétence de W.F.G., et que le retard constaté ne peut lui être imputé.

Enfin, Du Pont reconnaît à W.F.G., pour 30 ans, un droit de préemption sur les terrains non construits, sur la base, pour une période de 10 ans, des prix du droit de rachat, et ensuite des prix du marché.

TABLEAU 2

Les nouvelles implantations dans le LK Unna

Taille des Etablissements	Nombre	Localisation		Date et nombre des implantations Volume des ventes de terrain (1 000 m2)					
0 - 49	75	Unna	42	1961	3	15	1967	7	63
50 - 99	10	Holzwickede	12	1962	5	36,5	1968	7	86
100 - 299	20	Rhynern	11	1963	10	74	1969	17	536
300 - 499	5	Bönen	10	1964	6	65	1970	10	1405
500 - 999	1	Kamen	10	1965	9	1940	1971	13	159,5
1000 et +	1	Bergkamen	9	1966	4	100	1972	18	155
		Frondenberg	8				1973	10	184,5
	113	Uentrop	5						
		Pelkum	5						

TABLEAU 3

L'évolution économique (1961-1972) comparée du Land de Rhénanie-Wesphalie (NRW) et du LK Unna (LKU)

	1961		1972	
	LKU	NRW	LKU	NRW
Population (1000)	0,224	15 852	0,235	17 192
Solde migratoire (p. 1000)	- 3,6	+ 6,1	+ 10,7	+ 3,3
Rapports immigrants, émigrants journaliers	0,89	1	0,76	1
Patente (DM/h)	58	108	140	234
Realsteuerkraft (DM/h)	109	182	396	399 = =
P.I.B. (DM/h)	4 650	6 320	9 420	12 700 =
Nombre salariés dans l'industrie (100 h.)	16,1	17,9	15,3	15,5 = =
= 1971				
= = 1973				

WFG s'engage à viabiliser le terrain, et se fixe un calendrier précis : canal et raccordement ferroviaire avant le 31-12-1966, les divers réseaux d'alimentation en eau avant 5 mois, en électricité avant 3 mois. D'autre part, WFG entreprend la construction d'un port, relié au canal latéral à la Lippe, s'assure qu'aucune exploitation minière ou autre fonçage de puits n'a eu lieu avant la vente du terrain, que celui-ci reste libre de toutes charges pour les constructions de routes et bretelles d'autoroute ; elle autorise Du Pont à abattre les arbres dans la zone à construire, sous réserve de l'acceptation par le LK Unna du reboisement de 44 ha, et s'engage enfin à ce que Kreis-Bau und Siedlungsgesellschaft AG construise de nombreux logements dans la ville de Uentrop.

WFG se livre ensuite à un périlleux numéro d'équilibre aussitôt après la signature du contrat, et profitant d'un court laps de temps avant la divulgation de ces négociations secrètes, la Société achète le terrain à une quarantaine de propriétaires, à un prix moyen de 6 à 10 DM/m2, assez proche de la valeur d'une terre agricole ; seule une paroisse vend son terrain boisé de 5 ha à 20 DM/m2, prix que WFG accepte pour ne pas compromettre le projet. On ne peut manquer d'être surpris du caractère aléatoire de cette opération : le sort d'un investissement de 200 M DM, pour une usine de fibres textiles susceptibles d'avoir un chiffre d'affaire annuel de 200 M DM reste suspendu à la discrétion des négociateurs et au manque de curiosité des propriétaires, persuadés de l'utilisation agricole future de leur terrain. Entre deux phrases purement rationnelles - celle des études : prospection du marché et 1ère négociation d'une part, et des réalisations : de l'aménagementdes terrains et de l'environnement (logement, reboisement, accessibilité..) de l'autre, s'insère une étape *purement irrationnelle* - l'achat des terrains ou en l'absence d'une législation semblable aux Z.A.D., le hasard, la chance, règnent en maîtres. Il y a là, à notre avis, *un facteur humain difficilement quantifiable et pourtant essentiel dans la localisation des activités,* et d'*une manière plus générale dans le développement économique des régions* ; retenons deux exemples : la réussite de la politique foncière à Rennes, œuvre d'une municipalité éclairée, qui, depuis 20 ans, a systématiquement joué de tous les outils législatifs pour se constituer une réserve foncière pesant sur les prix du marché (19) ; la réussite économique de Bochum est liée en partie à la croissance de Opel (18 000 salariés) ; or ce ne sont pas les qualités de situation (main d'œuvre, communication, etc...) communes à d'autres villes de la Ruhr qui sont à l'origine de cette implantation, mais bien la volonté de la municipalité de prendre le risque de cette implantation, d'une part en avançant la date de fermeture de la Mine Bruchstrasse en vue de constituer une réserve de 27 ha pour l'extension future de l'usine N° 1, d'autre part en engageant de lourdes dépenses pour améliorer les relations avec le centre-ville, et souscrire une très coûteuse assurance protégeant l'usine d'éventuels effondrements miniers.

Le 13 mai 1965, Du Pont fait usage de son droit d'achat sur le terrain viabilisé par WFG ; trois semaines plus tard la production commence. Dès avril 1969, l'usine comptait près de 1 800 salariés.

TABLEAU 4

L'implantation d'une firme multinationale (Du Pont de Nemours) dans la Ruhr : coût de création d'une zone industrielle

Dépenses en Mio DM		Recettes en Mio DM	
- Achat du terrain (150 ha)	15,1	- Subvention du Land NRW (sur budget 1965)	7
- Raccordement ferroviaire	1,2	- Prêt (sans intérêt) du Land NRW sur budget 1965	2,5
- Alimentation en eau	2,1	- Prêt (sans intérêt) du Land NRW sur budget 1966	7
- Réseau d'assainissement	6	- Prêt à court terme du Land Kreis Unna	3,4
		- Revente du terrain aménagé	4,5
TOTAUX	24,4		24,4

4. L'intervention des communes du Kreis de Unna, groupées dans la Société WFG dans le domaine économique n'a pas manqué de soulever des problèmes juridiques ardus.

Dans une circulaire du 13.12.1961, le Ministère de l'Intérieur et le Ministère des Finances du Land rappellent aux Communes et Syndicats de Communes qu'il n'entre pas dans leur attribution de mener une politique de développement économique identique aux plans fédéraux et régionaux, avec des moyens financiers pouvant mettre en péril leur équilibre financier ; leur action doit se limiter à informer les investisseurs, aménager le terrain, et, si nécessaire, mener une politique foncière. En revanche, sont incompatibles avec le droit communal les subventions réelles ou camouflées (vente de terrain à bas prix, prise en charge des frais de viabilisation, etc...) aux entreprises, ou la prise en charge, même partielle, du risque de l'entrepreneur par les collectivités publiques ; il est en particulier inadmissible de construire des bâtiments en vue de les louer à des entreprises.

Pourtant, la commune constitue le cadre de vie essentiel de la population ; lui enlever la tâche de développement économique, propre à assurer et augmenter le bien-être de sa population est contraire au droit d'autonomie administrative (Selbstverwaltung) (20) : la législation précise que l'œuvre communale de développement urbain consiste à améliorer les conditions d'implantation. Ne peut-il s'agir aussi bien de valoriser un site (eau, port,...) que de créer des cadres juridiques ou financiers propices au développement économique ?

Le législateur est particulièrement sévère en matière d'impôt ; la Loi Fondamentale n'autorise aucune dispense d'impôt (patente, impôt sur les salaires) ; de même tout accomodement sur le montant de l'impôt est interdit, la loi de 1965 (21) stipule que la pression fiscale (Hebesatz) doit être appliquée d'une manière égalitaire entre toutes les entreprises d'une même commune, ces dispositions se conforment au principe d'égalité affirmé par la Loi Fondamentale (art. 3), elles permettent d'éviter toutes manipulations privées pouvant altérer la capacité contributive (Steuerkraft) ou compromettre l'équilibre financier d'une commune.

En revanche l'impôt (patente, impôt sur les salaires) perçu ou à percevoir peut, après inscription au Budget, servir à «aider», ce même entrepreneur, dans la mesure où la politique financière de la commune a été clairement définie. Si pour souscrire un emprunt la commune doit solliciter l'autorisation de l'autorité de Tutelle (22) qui vérifie le bien-fondé de la demande de prêt, en rapport avec le taux d'endettement de la commune, en revanche, elle peut octroyer en toute liberté des prêts sur son Budget (23) ; or ne peut-elle le faire dans des conditions telles que le prêt soit assimilé à une subvention ?

En revanche, les commandes ne sont pas libérées de la soumission à approbation quand elles cèdent à très bon marché, voir gratuitement, les terrains industriels aménagés par leur soin, cette pratique en effet est dangereuse, elle peut conduire à une concurrence ruineuse entre communes et une amputation dangereuse de leur patrimoine ; le maintien de son intégrité est prescrit par la loi (24).

Ainsi, les principes de la Loi Fondamentale et du Code Communal, le respect scrupuleux de la libre entreprise (25) canalisent dans d'étroites limites le dynamisme des autorités municipales et interdisent, sauf exception (26) toute intervention communale en matière de promotion industrielle (27).

Pour s'affranchir de ce cadre rigide, et exercer leur droit à un comportement responsable, les communes du LK Unna ont donc fondé WFG, société à responsabilité limitée ; aucun obstacle juridique ne s'y opposait ; or le choix semble, à de nombreux auteurs, particulièrement approprié dans la mesure où ce statut juridique combine souplesse, capacité d'adaptation, avantages fiscaux, et indépendance vis-à-vis de l'État, et de toute bureaucratie. Efficacité et indépendance : ainsi la mise à disposition des terrains industriels est plus rapide, la société de droit privé - donc indépendante du droit communal - peut emprunter en court-circuitant l'Administration du Land, le code communal fédéral n'a apporté qu'une restriction, plus ou moins respectée d'ailleurs (sauf en Bade-Württenberg et Hesse) : le représentant d'une commune au Conseil d'Administration de ces sociétés communales de Droit privé, ne peut approuver une demande de prêt qu'avec l'autorisation de son Conseil municipal (28).

Ces sociétés portent ainsi un rude coup à une étroite conception juridique de l'aménagement régional, plus pragmatique, et efficace.

II - *UNE BANQUE DU SOL : L'AKTIONSGEMEINSCHAFT DEUTSCHE STEINKOHLENREVIERE GmbH (A.D.S.)*

La crise charbonnière a frappé la Ruhr vers la fin de l'année 1958 quand les premiers jours de chômage ont provoqué une baisse de la production ; mais la capacité de production des bassins demeure intacte. Les premières fermetures surviennent au milieu de l'année 1959 ; les autorités perçoivent alors, avec un certain retard, le caractère structural de la crise. En 1959, la Commission Économique Européenne estime inévitable la récession charbonnière, et invite les gouvernements à prendre des mesures pour «adapter» la production aux nouvelles conditions du marché, et atténuer les effets de la crise de l'emploi.

Ces mesures ne s'insèrent dans aucun plan cohérent, et n'atténuent nullement la dégradation des positions du charbon sur le marché énergétique national : résiliation des contrats d'importation de houilles américaines, légère baisse du prix du charbon allemand, blocage des licences d'importation, taxation des houilles importées. Le libéralisme économique en vigueur interdit cependant toute concentration de la production sur les meilleurs puits. Curieusement, ce sont les sociétés minières qui prendront d'elles-mêmes les plus efficaces, assez proches dans leur esprit, de la «socialisation» réclamée par l'I.G.B.E. En janvier 1960, elles fondent l'Aktionsgemeinschaft Ruhrbergbau GmbH - précurseur du Rationalisierungsverband - chargée de rationaliser la production : modernisation des équipements, fermeture de certains puits, et de s'attacher aux problèmes de l'emploi dans le bassin ; elles débloquent, en août 1962, environ 50 Mio DM sur leurs fonds pour mener à bien cette action. Mais celle-ci se heurte à l'opposition de la C.E.C.A. pour qui les conséquences de la crise ne doivent pas être prises en charge par les seules sociétés minières. Le Bund prépare une loi qui entre en vigueur le 1er septembre 1963, et tente de créer les conditions d'une concurrence moins inégale (29). Elle prévoit la création d'un Comité de rationalisation (Rationalisierungsverband des deutschen Steinkohlenbergbau), établissement public fondé pour 5 ans et dépendant directement du Bund ; l'adhésion à ce syndicat est obligatoire pour toutes les entreprises minières ayant extrait en moyenne, pour la période 1959-1961, plus de 100 000 tonnes de charbon par an. L'objectif étant l'amélioration de la productivité, on encourage les fusions d'entreprises et la compression des coûts de production par unité d'extraction. Rares sont les entreprises en mesure d'investir à long terme avec leurs ressources propres ; nombreuses sont les sociétés en sursis de faillite. Le syndicat, avec l'appui du Bund, leur prête sur 5 à 25 ans les fonds nécessaires. D'autre part, il octroye, sous certaines conditions, des primes pour les fermetures des mines, d'un montant maximum de 100 Mio DM, aux taux de 25 DM/tonne extraite, primes qui couvrent une partie des frais de fermeture (entretien des terrains, pensions, certaines prestations de service aux licenciés...).

Ce Comité de rationalisation ayant cessé son activité le 31.8.1968, fut relayé par l'Aktionsgemeinschaft Steinkohlenreviere GmbH (A.D.S.). Cette société, fondée le 21.3.1967 se voyait en effet assigner une double fonction (art. 2 des statuts)
1. «faciliter l'adaptation de la production aux conditions du marché», c'est-à-dire encourager la réduction de la production.
2. contribuer à l'amélioration de la structure économique des bassins houillers, en facilitant l'implantation de branches industrielles ou tertiaires en expansion.
Contrôle de la récession charbonnière, instrument de la rénovation économique : telle est la double et délicate tâche de l'A.D.S.
Après avoir présenté rapidement la société, nous nous efforcerons de préciser les modalités et résultats de l'activité de l'A.D.S. dans ces deux domaines.

Le siège de l'A.D.S. est fixé à Düsseldorf (art. 1). C'est une société à responsabilité limitée, dont le capital est passé de 64,4 Mio DM à 32,2 Mio DM (30) ; elle ne doit distribuer aucun bénéfice ; tout excédant en fin d'exercice est affecté au fond de réserve, ou versé à des sociétés à capitaux publics, chargées de divers problèmes de restructuration des bassins miniers (art. 2). La société est constituée pour une période de 10 ans, dont l'Assemblée peut décider la prolongation pour un an si les objectifs fixés n'ont pas été atteints (art. 4). L'Assemblée Générale ne peut voter si moins de 50 % du capital sont représentés (par. 38). La Direction de la Société est assurée par un Conseil d'Administration où siègent un représentant du Bund, un du Land de Rhénanie-Westphalie (le ministre de l'Économie) et un du Land de Sarre, et un nombre maximum de 18 autres administrateurs élus pour 4 ans (par. 6) par l'Assemblée Générale. Le Conseil d'Administration élit en son sein le Directeur de la Société. Sa composition reflète les puissants intérêts économiques de la Région Rhin-Ruhr (Ruhr-Kohle AG, August Thyssen Hütte, Gelsenberg AG, Fried. Krupp GmbH) ; un quart des sièges sont détenus par des personnalités extérieures à la région. Les décisions sont prises à la majorité simple. Un comité juge de leur conformité aux objectifs définis dans les statuts (par. 7). Ces représentants sont nommés et révoqués par le Conseil d'Administration, toutefois, en ce qui concerne les représentants des administrations, l'avis de l'autorité de tutelle est nécessaire. Le S.V.R. dispose d'un siège dans le Conseil ; et peut ainsi participer aux décisions intéressant directement l'Aménagement de l'espace régional.

1. *A.D.S. et la Récession minière*

a - *Les modalités de l'activité d'A.D.S.*

Conformément aux directives de 1967 (cf. bibliographie) l'A.D.S. accorde des primes aux Sociétés minières pour faciliter leur adaptation aux nouvelles conditions du marché énergétique - soit par réduction du volume de la production, soit par fermeture de mines -, et mener à bien leur plan social (par. 1 al. 1). Les ressources nécessaires proviennent pour un tiers du Land intéressé et deux tiers du Bund (par. 1 al. 2) ; aucune entreprise ne peut prétendre à un droit quelconque à ces primes (par. 1 al. 3). Le paragraphe 2 en précise les conditions d'octroi ; le dépôt du dossier de demande de prime s'effectue trois mois après la fermeture de la mine (par. 8). Celle-ci doit s'inscrire dans le plan général de rationalisation et d'adaptation de la production élaborée par les pouvoirs publics ; aucun accroissement de la production dans les autres mines appartenant à la société ne doit la compenser ; la mine devait être en exploitation au 31 mai 1965, et au 1er septembre 1965, aucune des mesures préparatoires à une fermeture ne doit y avoir été décidée. La fermeture doit être annoncée et la production arrêtée au 31. 12. 1967 au plus tard, la mine avoir été exploitée durant cinq années consécutives au moins, et la fermeture indépendante de l'épuisement des veines, l'entreprise doit avoir établi un plan social, conforme aux directives publiées dans le journal Officiel (31). La firme s'engage à ne pas reprendre la production avant huit ans au moins. Une des conditions de refus d'octroi de la firme est le maintien en activité, dans le Bassin intéressé, de mines appartenant à la Société, qui travaillent dans des conditions de rentabilité inférieures à celle de la mine fermée. Le montant de la prime est fixé en fonction de la production annuelle moyenne de la mine sur la période 1962 à 1964 ; il atteint 15 DM/t pour une mine extrayant plus de 100 000 t. par an (chiffre porté récemment à 20 DM/t) et 10 DM/t dans les autres cas (par. 7) A.D.S. s'autorise un droit de regard dans la gestion de la firme intéressée (par. 9) ; celle-ci doit fournir toutes informations aux experts d'A.D.S. et leur faciliter toutes vérifications. Le paragraphe 10 précise les clauses d'annulation du contrat de remboursement de la prime : fourniture de renseignements erronés, non observation d'une des conditions énumérées aux paragraphes 1 à 9, reprise de l'exploitation minière avant 8 ans (sauf pour raisons de sécurité), non respect des dispositions du plan social, octroi d'une prime précédente au titre de la Kohlegesetz (32). L'avis de l'expert fédéral est également important, et la prime peut être refusée si l'entreprise n'a pas observé un certain nombre de dispositions de la loi charbonnière de 1968. La somme à rembourser est minorée du montant des frais déjà engagés, ou sur le point de l'être, pour appliquer le plan social.

b - *Bilan de l'activité de la Société*

Les rapports annuels de la Société fournissent toutes les informations relatives à cette première tâche de la Société. Depuis la création de A.D.S., jusqu'au 1.1.1971, trente quatre grosses mines et 14 de moindre importance ont fermé ; leur production cumulée s'élevait à 36 Mio/t. Le montant des primes versées aux sociétés minières atteint près de 500 M. DM.

Le tableau 1 souligne la contribution fondamentale de A.D.S. dans la conduite de la récession minière en Allemagne Fédérale.

TABLEAU 1

	Nombre		Production référence (Mio/t.) (moyenne 62-64)	Primes (Mio DM.)
	grandes mines (+0,1 Mt/an	petites mines (-0,1 Mt/an		
Fermetures survenues avant l'entrée en vigueur des Directives du 13. 12. 1962	13	5	5,8	–
Fermetures liées aux Directives du 13. 13. 1962	12	14	8,0	99,2
Fermetures liées à l'oeuvre du Rationaliesierings Verband (loi du 29. 7. 63)	27	14	22,0	245,4
Fermetures liées à l'action de A. D. S. (22. 3. 1967)	34	14	36,1	497,3
TOTAL	86	47	71,9	841,9

Le tableau 2 fournit le détail de l'œuvre de A.D.S. depuis sa création jusqu'en 1973 ; dans les trois bassins houillers allemands : Sarre, Aix-la Chapelle et Ruhr. En dépit du renchérissement des produits pétroliers et la quasi compétitivité du charbon de la Ruhr dès août 1974, le programme de fermeture de RuhrKohle AG publié en 1969 n'a pas été modifié, et six grosses mines dont Z. Holland (Wattenscheid) et Jacobi/ Franz Haniel (Oberth) produisant 3,7 Mt. ont cessé toute activité.

TABLEAU 2

	Nombre de Mines			Production de référence			Contrats signés par A.D.S.
	grandes (+ 0,1Mt)	petites (-0,1 Mt)	total	grandes	petites	total	Montant (Mio DM
1966	3	3	16	3733	51	3784	-
1967	6	7	13	5677	232	5899	27 494
1968	8	-	8	7354	-	7354	131 842
1969	2	1	3	1180	33	1213	32 942
1970	-	-	-	-	-	-	16 227
1971	3	-	3	3534	-	3534	80 589
1972	6	2	8	5184	12	5196	77 760
1973	6	-	6	9147	-	9147	130 464
1974*	8	-	8	11000	-	11000	-
TOTAL 1966 - 1973	34	14	48	35809	318	36297	497 327

*) prévision 1974

2 - *A.D.S. et le problème foncier*

Le succès de toute œuvre de planification régionale est tributaire de la maîtrise des sols. L'hypothèque foncière a longtemps grevé le développement économique des villes de la Ruhr.

La constitution de vastes domaines fonciers par les Charbonnages lors de la progression vers le Nord du front d'extraction s'est faite en vertu de l'article 148 de la loi minière de 1865, faisant obligation aux houillères de rembourser intégralement les propriétaires touchés par les affaissements miniers (Bergschäden) : pour s'assurer des réserves et éviter ces remboursements, les houillères n'ont libéré qu'avec réticence des terrains pour l'habitat, et très rarement pour l'industrie susceptible de les concurrencer. Leur puissance financière leur a permis de se tailler de véritables «fiefs urbains», d'autant plus aisément qu'avant la grande inflation, les petits agriculteurs préféraient volontiers au travail de la terre la jouissance d'une rente encaissée sans peine que leur offraient les mines par l'octroi d'indemnités élevées.

En 1954, les communes entre Emscher et Lippe constituent une communauté de travail pour déterminer l'importance exacte de cette emprise foncière : dont le tableau 5 souligne l'ampleur.

Souvent ces terres sont imbriquées de façon inextricable avec les autres, de telle sorte qu'aucun aménagement n'était possible sans accord préalable avec les mines. Si une ville leur achetait un terrain, elle se voyait réclamer une indemnité spéciale pour le charbon non extrait, qu'elle avait rarement les moyens de verser.

TABLEAU 5

La propriété foncière des Mines dans quelques villes de la Ruhr (1954)

	Surface ha	Propriété des Mines ha	%	Terrains propres à l'implantation industrielle Total (ha)	dont mines (ha)	%
Recklinghausen	6590	1031	15,6	181	128	70,7
Herne	3003	806	28,8	382	232	60,7
Bottrop	4210	2137	51,0	70	55	78,6
Wanneeickel	2132	773	36,3	30	17	57,-
Castrop-Rauxel	4419	1189	26,9	51	7	14,6
Gladbeck	3587	1319	36,8	53	13	24,4
Wattenscheid	2388	521	21,8	14	6	42,9

Véritable *embâcle foncière* qui a contribué à figer le développement industriel régional ; jusqu'en 1960, 184 projets ont échoué dans les villes minières, ils concernaient la création de 16 000 emplois, dont 5 000 à Gelsenkirchen. Ainsi au début des années 60, Ford cherchait à s'implanter dans la Ruhr, près du Rhein-Herne-Kanal ; les Sociétés minières ont alors formé une communauté d'intérêt qui racheta les 180 ha prévus, faisant échouer le projet ; Ford s'est implanté en Belgique à Genk.

C'est sur l'initiative de la Fédération des Syndicats patronaux de l'industrie (BVDI) qu'est fondé en 66 l'instrument décisif d'une politique foncière, A.D.S.

Elle devient l'intermédiaire obligé des transactions foncières portant sur les terrains miniers, et le rythme de libération s'accroît avec la crise. Il était impensable que la débâcle charbonnière s'accompagne d'une *débâcle foncière* - où les terrains libérés seraient âprement disputés sur le marché - qui conduirait à une rénovation économique au coup par coup. *Une reconquête cohérente suppose une reconquête des sols.*

L'action de A.D.S. dans ce domaine se situe à trois niveaux :

- récupération des terrains détenus par les entreprises minières
- contrôle de leur ré-utilisation
- suppression des obstacles spécifiques à cette réutilisation.

Elle fonctionne ainsi comme une *banque du sol*, et assume une fonction de régulation essentielle de l'organisme régional.

L'octroi d'une prime s'accompagne non seulement d'une réduction de la production, mais aussi d'un vaste transfert de propriété. La société qui sollicite une prime doit fournir un état détaillé de son patrimoine foncier non bâti, au moment du dépôt du dossier, ainsi que 2 ans avant la fermeture. Elle doit vendre à A.D.S., au prix du marché et dans un délai d'un mois, les terrains que celle-ci aura choisi, en accord avec les représentants du Bund, des Länder et du SVR, et les autres dans un délai de 6 ans. A.D.S. s'engage à maintenir, par une gestion correcte, la valeur de ce patrimoine. A.D.S. peut dispenser de ces clauses les terrains strictement nécessaires à la poursuite de l'exploitation d'usines contigües, ou organiquement liées, à la mine (par. 4, al. 1), les terrains jugés inaptes à une réutilisation conforme aux objectifs d'assainissement industriel de la région (par. 4, al. 2), les terrains enfin qui font l'objet de projets précis de la société charbonnière, conformes à ces objectifs (id.) : ainsi liberté est laissée à celle-ci de vendre ses terrains elle-même, sans l'intermédiaire d'A.D.S. Cette dernière est évidemment habilitée à opérer toute vérification, et juge en dernier ressort de la validité des preuves fournies par la Société charbonnière. Près de 62 % des transactions foncières ont bénéficié de cette clause, le reste ayant été normalement acheté et revendu par A.D.S. selon le processus décrit. Cette disposition permet de combiner le dynamisme de l'entreprise, et le souci de l'intérêt général : *elle favorise une réindustrialisation rapide mais contrôlée.*

La revente des terrains par A.D.S. répond à un double impératif ; l'un d'ordre qualitatif : les investissements (création ou agrandissement) doivent contribuer à améliorer la structure économique du Bassin minier, et plus précisément, les zones touchées par les fermetures (14, par. 3, al. 2) ; l'autre d'ordre quantitatif : le montant de l'investissement projeté doit dépasser 800 000 DM, et son financement doit être déjà assuré (14, par. 3, al . 3). C'est une contrainte de l'Aménagement du Territoire en Rhénanie-Westphalie d'asseoir la rénovation économique sur ce critère, alors qu'en France le volume d'emplois créés est davantage pris en considération. A.D.S. stipule également que l'aide ne sera pas accordée si l'investissement résulte d'un simple transfert intrarégional, ou de l'implantation dans la région d'une entreprise originaire d'une zone de développement (Fördergebiete) (14, par. 3 al 3). La préférence sera accordée aux créations ou investissements de secteurs à forte croissance et valeur ajoutée. Le volume global des contrats signés par A.D.S. dans les différents bassins houillers a plus que doublé depuis 1967 et porte sur 12000 ha environ (tableau 3)

TABLEAU 3

Volume cumulé des contrats signés par ADS (situation au 31 Décembre

1967	4 900 ha			
1968	6 870 ha	dont	5 260 ha	dans la Ruhr
1969	9 060 ha	"	7 100	"
1970	-		-	
1971	11 180 ha	"	9 220	"
1972	12 090 ha	"	10 130	"
1973	12 313 ha	"	10 352	"

Une partie assez faible de ce patrimoine foncier a été aliénée. On peut classer les terrains en fonction des types de contrats qui les réintègrent sur le marché ; il nous a semblé plus utile de le faire en fonction de leur utilisation finale (tableaux 4 et 5). Quatre cent quinze entreprises ont bénéficié des ventes de terrain en vue d'une implantation ou d'une extension (446 ha), une surface presque égale est concédée à une vingtaine de collectivités locales - communes ou syndicats de communes - en vue de créer ou agrandir leurs zones industrielles, mais l'essentiel des anciens terrains miniers est réutilisé en vue d'améliorer les infrastructures et équipements (routes, canaux, écoles, espaces verts). Quelques exemples (33) : les usines Opel de Bochum sont installées sur les terrains des anciennes mines Dannenbaum I (Bochum-Laer) et Bruchstrasse, la Ruhruniversität de Bochum occupe l'emplacement de la mine Klosterbusch. Les terrains de sport sont localisés sur les anciens canaux des mines à Essen (Christian Lovin, Friedrich Ernestine) à Bochum (Constantin III, Constantin VIII/IX), etc...

TABLEAU 4

Gestion du patrimoine foncier de A.D.S. (1967-1973) en m2

		TOTAL	*dont RUHR*
Volume global des contrats		*123 136 114*	*103 524 846*
(I + II + III)	Ruhr	103 524 846	
	Sarre	16 130 190	
	Aix	3 481 078	
I Résiliation de contrats		*7 457 884*	*7 457 884*
II Stock		*92 845 885*	*76 499 862*
III Revente de terrains		*22 832 345*	*19 567 100*
dont : création et agrandissement d'entreprises		4 461 884	3 794 459
création et agrandissement de zones industrielles		5 856 623	5 592 020
Amélioration des infrastructures, habitat		11 721 567	9 388 350
Rétrocession à R.A.G.		792 271	792 271

La ventilation par secteur des implantations nouvelles (tableau 5) illustre le renouveau tertiaire des bassins charbonniers allemands. Près d'un tiers des surfaces reconquises est voué à une utilisation commerciale ou administrative. Les autres secteurs ayant accaparé de grosses surfaces sont le bâtiment, les carrières et industries de la pierre, l'eau et l'énergie, l'industrie du verre. Aucune donnée sur le volume de l'emploi n'est malheureusement disponible.

TABLEAU 5

La reconquête des Terrains miniers : aspect sectoriel (au 1.1.1974)

SECTEUR	Ruhr (% surface reconquise dans la région)	RFA (Ruhr Sarre Aix) (% surface totale)
- agriculture	11,1	10,78 %
- industrie	49,3	63,37 %
(dont construction mécanique, électrique et automobile)	(9,3 %)	(9,51 %)
- Bâtiment et T.P.	11,8	15,30 %
- Tertiaire (dont commerce)	(16,1 %)	(15,45 %)

Les risques d'effondrement pesant sur les terrains pourraient freiner leur réutilisation par les industriels. A.D.S. se propose d'éliminer cet obstacle éventuel par l'octroi de subventions (III par. 1, 1, 2) destinées au financement de toutes dispositions visant à prévenir les risques de dégâts aux installations ou à limiter les dangers d'effondrements miniers (Bergschäden) ; il s'assortit d'une garantie de dédommagement (14 par. 1 (2) ; en revanche si les risques miniers sont trop grands, et impossibles à réduire dans des proportions notables, aucune aide ne sera octroyée et le terrain sera vraisemblablement réutilisé comme espace vert, ou centre commercial ; elle sera refusée également s'il s'agit d'investissement dans le secteur charbonnier, et si l'entrepreneur ne respecte pas un certain calendrier dans ses investissements (14, par. 4).

Le montant de la subvention peut couvrir les frais supplémentaires liés aux mesures de sécurité ; il ne doit cependant pas dépasser en cas normal 5 % du montant du coût des bâtiments, 10 % des fondations et 1 % du matériel (14, par. 7). Les aides accordées par A.D.S. pour atténuer ou supprimer les risques miniers se montent à 3 Mio DM en 1967. La Société a accordé sa garantie à 10 firmes pour une somme de 13,4 Mio DM, et une durée variant de 7 à 10 ans.

C'est une Commission où siègent deux représentants du Bund, du Land et de A.D.S. qui décide à l'unanimité, après examen des dossiers, de l'octroi de la subvention (14, par. 12). Celle-ci n'est versée qu'après l'engagement des premiers travaux et vient en rénumération des premières fournitures ou prestations de services prévus dans le plan d'investissement (14, par. 13). Un état des premières dépenses doit être fourni dans un délai de deux mois, porté à 6 mois dans le cas d'une subvention avec garantie (2, 16) ;

mais l'A.D.S. en principe dispense, en accord avec le Ministère Fédéral de l'Économie, de toute justification ultérieure d'emploi des fonds octroyés (14, par. 15).

Cependant, le Ministère Fédéral de l'Économie, les Ministres compétents des Länder, la Cour des Comptes de la Fédération disposent du droit illimité de contrôle et d'information sur l'état d'avancement du projet et l'utilisation des fonds alloués, et sur les causes d'un dommage pouvant faire jouer les clauses de la garantie (14, par. 18). A.D.S. peut également exiger le remboursement de son aide, et retirer sa garantie si celles-ci ont été accordées sur de faux renseignements ; si les investissements ne sont pas conformes au projet retenu ; si l'entreprise ne se soumet pas à toutes ses obligations ; si elle ne remplit plus l'une des conditions exigées pour bénéficier de l'aide publique ; si les mesures de sécurité concernant les terrains abandonnées sont jugées insuffisantes, etc... (14, par. 19).

L'impôt frappant les mutations foncières (34) était susceptible de ralentir la reconquête des terrains miniers. La loi de novembre 1969 soustrait à cet impôt les terrains achetés par l'intermédiaire d'A.D.S, dans le but de contribuer à l'amélioration de la structure économique régionale ; les conditions requises pour bénéficier de cette exemption sont celles précédemment exposées. La loi a cessé d'être en vigueur au 1. 1.1975.

Ainsi est levée la dernière servitude pesant sur ces terrains miniers et susceptible d'en retarder la réutilisation optimum.

CONCLUSION

L'œuvre de rénovation économique dans la Ruhr est donc menée conjointement par les pouvoirs publics (communes, Land, ou Fédération), et des sociétés de droit privé à participation majoritaire de capitaux publics. Ce statut combine la souplesse nécessaire dans cette tâche délicate, au respect de l'intérêt général, que garantissent par ailleurs les représentants du S V R - organisme régional d'aménagement.

Mais le problème vital de la maîtrise foncière n'a reçu de solution qu'avec A.D.S., courtier obligé pour toutes les transactions portant sur les terrains miniers ; ailleurs les plans communaux d'utilisation des sols ne fournissent que les cadres assez lâches d'une réindustrialisation qui s'opère tant en fonction d'éléments objectifs (main d'œuvre, équipements.). que du dynamisme - non quantifiable - de certaines équipes municipales.

NOTES

Je suis reconnaissant à MM. Dr. Niederhofer et Böhmert et M. Nustede, respectivement Directeurs de A.D.S. et W.F.G., de m'avoir si aimablement communiqué les informations nécessaires à la rédaction de cet article.

1. Raumordnunggesetz, 8.4.1965.
2. Landesentwicklungsprogramm 7.8.1964 et 30.5.1972.
3. Siedlungsverband Ruhrkohlenbezirk. Une autre puissante collectivité de Droit public à caractère communal est l'Association du Grand Hanovre (Verband Grossraum Hannover).
4. Association de la Ruhr, Union des barrages de la Ruhr, Coopérative de l'Emscher, Association de la Lippe, Coopérative de drainage de rive gauche du Rhin, Association de Niers. Pour une étude détaillée, le lecteur pourra se reporter à : REITEL F., Mers et fleuves dans l'espace germanique, variations sur le thème de l'eau, Didier, Paris, 1974.
5. Notée W.F.G. dans la suite du Texte.
6. Notée A.D.S. dans la suite du Texte.
7. Arrondissement rural.
8. Émigrants journaliers.
9. Gutachten zur Prüfung von Massnahmen durch die Verwaltungs - Kraft. Kreisangehoriger Gemeinden gestärkt werden Kann von der Kommission «Stärkung der Verwaltungskraft beim Ministerium des Innenn des Landes Rhein-Pflaz» 16.2.1966.
10. Gesetz zur Neugliederung des Landkreises Unna, 19.12.1967.
11. Industriekurier, 26.5.1966.
12. Richtilinien für die regionale Wirtschaftsförderung des Landes NRW, 1.3.72.
13. en sus des zones industrielles de Fröndenberg, Holzwickede et Pelkum.
14. Conformément au paragraphe 127 B BauG, ce prix comprend l'infrastructure routière et les canalisations, mais exclut, les réseaux d'eau et éléctricité.
15. La politique des «Schwerpunte» vise à créer un nombre de pôles privilégiés de développement, à forte concentration de population et d'emploi, large accessibilité, et dotés des principaux équipements centraux culturels, sanitaires, administratifs et de loisirs. Cette concentration (aux antipodes du saupoudrage industriel qui a longtemps sévi en France, assure une meilleure utilisation économique des investissements, pour les équipements publics fondamentaux).
16. Strukturverbesserungsprogramm
17. Gebietsentwicklungsplan S.V.R.
18. Regionalplanung L.K. Unna
19. Métropolis, n° 8, 1974 : Deux politiques foncières : Anderlecht, Rennes.
20. art. 28 Grundgesetz (notée GG), parag. 1 et 2 Gemeindeordnung für das Land Nordrhein-Westfalen (nw GO)
21. Gewerbesteuergesetz, parag. 16, nr2, von 25.5.1965.
22. nw GO, parag. 78.
23. nw GO, parag. 28 abs. 1.
24. nw GO, parag. 62, abs. 1.

25. GG, art. 12

26. Seules peuvent bénéficier de l'aide communale les entreprises d'intérêt public : transport, approvisionnement en eau...

27. La protection du secteur privé est particulièrement efficace en Bavière et en Rhénanie-Westphalie (nw GO, par. 69).

28. Deutsche Gemeindeordnung, paragraphe 71.

29. Gesetz sur Förderung der Rationalisierung im Steinkohlenbergbau, vom 29.1.1963.

30. Décision de l'A.G. extraordinaire du 10.11.1971.

31. Bundesanzeiger, n° 94, 18 Mai 1968.

32. Gesetz zur Anpassung und Gesundung des deutschen Steinkohlenbergbaues und der deutschen Steinkohlenbergbaugebiete vom 15.6.1968 («Kohlegesetz»).

33. Tirés de : CORDES Gerhard : Zechenstillegungen im Ruhrgebiet (1900-1968) - Die Folgenutzung auf ehemaligen Bergbau-Betriebflächen. Schriftenreihe SVR, Nr. 34, 109 p., carte H-T, Essen, 1972.

34. Grunderwerbsteuergesetz, vom 29.3.1940 (RG BL, I, S. 585). Modifiée par la loi de Finances de 6.10.1965 et 1.2.1966 (GV. NW. S 23).

BIBLIOGRAPHIE

1. Gemeindeordnung für das Land Nordrhein-Westfalen.
2. Wirtschaftsfürderungsgesellschaft für den Kreis Unna mit beschränkten Haftung : Gesellschaftsvertrag.
3. W.F.G. für den Kreis Unna mbH : Geschäftsbericht, 1969, 1970, 1971, 1972, 1973.
4. W.F.G. für den Kreis Unna mbH : Industriepark.
5. Statistisches Jahrbuch für den Kreis Unna.
6. Baumann, Hans : Das Beispiel Unna, in : Die Welt (25.X.1965).
7. Hagen Hermann : Kommunalewirtschaftsrecht und Raumordnung, Informations-brief für Raumordnung (Bundesminister des Innern), Bonn.
8. Stahl, Léo : Kommunale Wirtschaftsförderung, Grote, 1970.
9. Aktionsgemeinschafts Deutsche Steinkohlenrevier GmbH, Düsseldorf : Geschäftsbericht, 1966-67, 1968, 1969, 1970, 1971, 1972, 1973.
10. A.D.S. GmbH, Düsseldorf : Gesellschaftsvertrag.
11. Vertrag zwischen der Bundesrepublik Deutschland und der Aktionsgemeinschaft Deutsche Steinkohlenreviere GmbH betr. Stillegungsaktion, vom 21 : 22-3-1967.
12. Gesetz über Grunderwerbsteuerbefreiung bei Massmahmen zur Verbesserung der Wirtschaftsstruktur. (gr. EStStrukturG) vom 24-11-1969 (GV. NW.S.878)
13. Richtlinien über die Gewährung von Prämien für die Stillegung aus Bergbausteinkohlenbergwerke und die Veräusseung von Grundstücken aus Bergbaubesitz, vom 22.3.1967 (Bundesanzeiger, Nr 59 vom 29.3.1967).
14. Richtlinien über die Gewährung von Beihilfen an Unternehmen der gewerblichen Wirtschaft zur Verminderung des Bergschädenwagnisse bei der Errichtung von Betrieben in Steinkohlenbergbaugebieten, vom 22.1.1970. (Bundesanzeiger Nr 14, Jg. 22, vom 22.1.1970).

ANNEXE 1

COMPTE D'EXPLOITATION DE W.F.G. FUR DEN KREIS UNNA mbH au 31.12.1972 (1)

CHARGES	DM	PRODUITS	DM
Salaires	86 304,00	subventions	495 626,95
Charges sociales légales	4 734,01	intérêts des prêts	117 981,96
autres charges	3 908,70	loyers, fermages	167 443,37
frais généraux d'administration	32 391,17	ventes de terrains	220 289,60
frais de déplacement	20 207,67	divers	90 608;24
conseil juridique	23 420,97		1 091 950,12
intérêts des prêts contractés	357 449,35		
acquisitions foncières	4 860,69		
infrastructures	400 492,89		
publicité	56 195,97		
dépenses extraordinaires	27 413,12		
	1 091 950,12		

(1) 1972 est une année normale. L'exercice 1969 a vu un déficit de 175 000, - DM ; l'équilibre est atteint en 1971 et 1972. L'exercice 1973 a connu un solde positif de 71 947, -DM.

ANNEXE 2

COMPTE D'EXPLOITATION DE A.D.S. GmbH
au 31.12.1973

CHARGES	DM	PRODUITS	DM
Octroi de primes de fermeture	130 464 240,72	Subvention du Bund et des Länder NRW et Sarre	130 464 240,72
Achat de terrain	194 719,50	Produit des ventes de terrains	191 575,00
Transactions foncières, primes de dégâts miniers	376 443,87	Subventions des pouvoirs publics pour l'atténuation des risques miniers	376 613,00
Frais de personnel	471 141,40		
Dotation aux comptes d'amortissement	7 568,94	Produits financiers	1 477 444,41
Dépenses diverses	198 165,10	Recettes extra-ordinaires	34 356,95
Dotation de l'exercice au compte provision	830 950,55	Bénéfice d'exploitation	830 950,55
	132 550 799,02		132 550 799,02

CYCLE DIURNE DES PRECIPITATIONS SUR LA COTE LANGUEDOCIENNE

(Analyse de 52 années d'observations à Montpellier Bel-Air)

J.M. MASSON - Université des Sciences et Techniques du Languedoc

Les questions auxquelles nous avons voulu apporter une réponse sont les suivantes :
- Existe-t-il des périodes de l'année où les pluies sont plus fréquentes à certaines heures de la journée qu'à d'autres ?
- Les pluies de forte intensité se produisent-elles plus volontiers le jour ou la nuit ? Le matin ou l'après-midi ? Ces heures favorables ne sont-elles pas susceptibles de varier avec les saisons ?

Physiquement, ces questions ne sont pas dénuées de fondement. En effet, les pluies de forte intensité et les pluies d'été en général sont des pluies orageuses d'origine convective et les conditions qui provoquent la formation des orages sont plus ou moins liées au cycle journalier d'ensoleillement.

Pratiquement, les réponses ne sont pas sans intérêt puisque les pluies sont le plus souvent mesurées de manière intermittente au moyen de pluviomètres relevés tous les matins vers 8 heures. Il est utile de savoir si cette heure de relevé coïncide avec une fréquence plus ou moins grande des précipitations et donc fractionne plus ou moins les pluies naturelles. Les précipitations maximales en 24 heures qu'on peut obtenir à partir de telles observations risquent d'être sous-estimées si l'heure du relevé coïncide avec une forte probabilité des précipitations.

Pour répondre à ces questions sur le site de Montpellier nous avons la chance de posséder une longue série continue d'enregistrements pluviographiques* effectués depuis 1920 par l'Institut National de la Recherche Agronomique (INRA) à la station bioclimatologique de Montpellier Bel-Air.

Cette série a été numérisée par le Bureau d'Etude Technique du Service de l'Hydraulique (B.E.T.S.H.) du Ministère de l'Agriculture et les différents responsables ont bien voulu nous permettre de l'utiliser pour nos études.

(*) Appareil Jules Richard dénommé pluviomètre à balance.

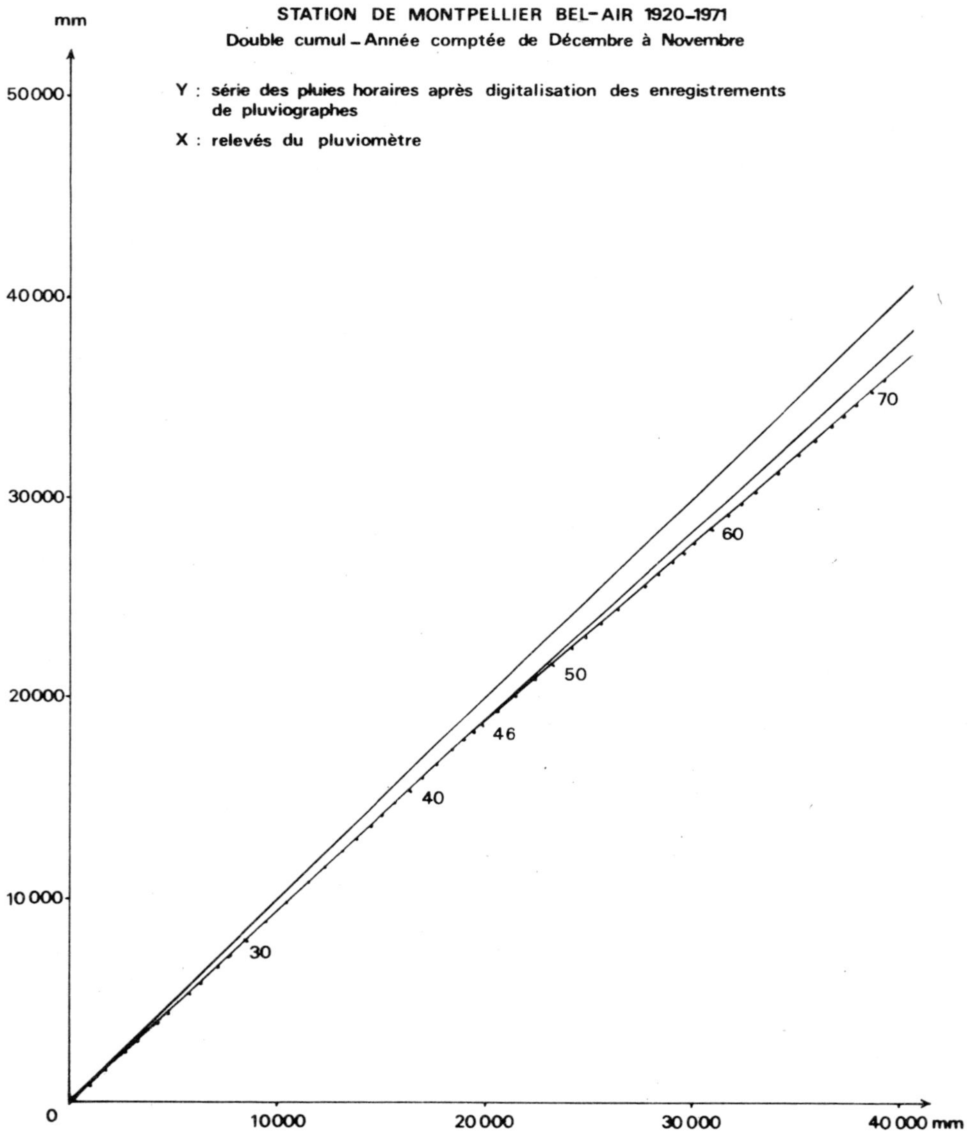
mm
STATION DE MONTPELLIER BEL-AIR 1920-1971
Double cumul - Année comptée de Décembre à Novembre
Y : série des pluies horaires après digitalisation des enregistrements de pluviographes
X : relevés du pluviomètre
50000
40000
30000
20000
10000
0
10000
20000
30000
40000 mm
30
40
46
50
60
70

Fig. 1

Comme l'appareil est d'un type ancien et que des erreurs ont pu se produire au cours de la numérisation des enregistrements graphiques qui a nécessité les étapes suivantes :

- Recherche des points singuliers sur les graphiques
- Repérage de ces points en XY au lecteur de courbe
- Transformation des coordonnées XY en une hauteur de pluie cumulée en fonction du temps au moyen d'un programme d'ordinateur,

nous avons vérifié que les totaux pluviométriques trouvés après numérisation ne sont pas trop différents des totaux obtenus au pluviomètre voisin. Les quantités de pluie obtenues par *sommation des pluies horaires* sont en moyenne inférieures de 7 % à celles mesurées au pluviomètre. Le déficit est assez régulier dans le temps, mais la méthode du double cumul (Figure 1) permet de distinguer nettement deux périodes différentes : de 1920 à 1946, le déficit n'est que de 5 %, il passe à 9 % pour la période 1947-1971.

Cette différence entre les résultats de deux appareils placés côte à côte n'a rien de surprenant. Sur le bassin expérimental de l'Alrance par exemple (Cappus 1957) entre deux appareils de même type (pluviomètres Association) placés à quelques dizaines de mètres de distance, on a pu observer une différence supérieure à 10 % sur un total de 1500 mm de pluie (neige exclue) mesurés pendant 3 ans.

Ces différences sont encore accentuées si les appareils ne sont pas du même type. Les causes supplémentaires concernent : l'inertie mécanique de l'enregistreur, le mauvais réglage des augets ou de la balance, le débordement des augets pendant le basculement, la surface réceptrice différente entre le pluviomètre (400 cm2) et le pluviographe (314 cm2), l'influence du vent différente sur les deux appareils, etc...

Dans une communication orale (1975), M. Marger, employé à la station bioclimatologique de Montpellier Bel-Air depuis 1944, nous a confirmé qu'aucun changement dans l'appareillage ni dans son environnement n'était intervenu au cours de la période de fonctionnement.

Il a souligné le fait que l'enregistreur a toujours donné des totaux pluviométriques inférieurs à ceux mesurés au pluviomètre «Association» voisin et que M. Godart, Directeur de la station demandait de rajouter 0,2 mm à chaque basculement de l'auget, soit tous les 10 millimètres. Il attribuait donc en moyenne 2 % de la différence à la pluie non enregistrée pendant la durée assez longue du basculement de l'auget.

Toujours d'après M. Marger, l'amplitude du stylet enregistreur correspondant au remplissage d'un auget, soit 10 millimètres, a diminué avec le temps par suite de l'usure de l'appareil.

Si HPM est une hauteur d'eau mesurée au pluviomètre et HPG la hauteur enregistrée au pluviographe pendant la durée correspondante, le rapport

$$\frac{HPM}{HPG}$$

variable d'une pluie à l'autre atteignait souvent, vers la fin des années 60, des valeurs encadrant 1,1. D'ailleurs, au cours des dépouillements manuels concernant des intervalles de temps inférieurs à la journée, les valeurs indiquées par l'enregistreur étaient multipliées par la valeur de ce rapport.

A ces défauts technologiques, il faut ajouter quelques rares arrêts du mouvement d'horlogerie au cours d'une pluie, arrêts qui ne dépassent pas 24 heures puisque le tambour est à rotation quotidienne ; et aussi tout ce qui a pu intervenir au cours des opérations de numérisation.

Malgré ces quelques imperfections mineures, et quelle série chronologique un peu ancienne n'en a pas ! nous considérons la série numérisée comme une mesure valable de la pluie à Montpellier - Bel Air entre 1920 et 1971 tout au moins en ce qui concerne les aspects du phénomène que nous comptons étudier.

Nous avons voulu aussi voir comment se situait cette série par rapport aux mesures pluviométriques plus anciennes, en comparant les moyennes mensuelles que nous avons obtenues à celles trouvées par Chaptal (1934) sur une série de 50 ans (1873-1922). Le tableau ci-après rassemble les résultats.

Pluviométrie mensuelle (moyenne en mm)

	J	F	M	A	M	J	J	A	S	O	N	D	Année
1873-1922 d'après Chaptal	68	49	60	72	60	47	27	49	76	102	80	64	754
1920-1971 Montpellier Bel Air après numérisation	56	40	77	56	54	31	21	41	90	100	75	76	716

On retrouve sur l'année un déficit de l'ordre de 7 % pour la série numérisée, avec mensuellement les différences suivantes :

- Maximum de printemps en Avril dans un cas (Chaptal), en Mars dans l'autre cas (Montpellier Bel Air numérisé).
- Maximum d'automne (Septembre à Décembre) plus accentué à Montpellier Bel Air.

Ces quelques fluctuations dues à des valeurs extrêmes telles que :

454,9 mm en Septembre 1933

317,4 mm en Mars 1928

279,2 mm en Décembre 1932

264,0 mm en Décembre 1955

s'observent normalement d'un échantillon à un autre et ne remettent pas en cause la valeur de la série.

DISTRIBUTION DES PRECIPITATIONS AU COURS DES HEURES DE LA JOURNEE

COMPARAISON AVEC UNE DISTRIBUTION UNIFORME

MONTPELLIER BEL _ AIR 1920 _ 1970

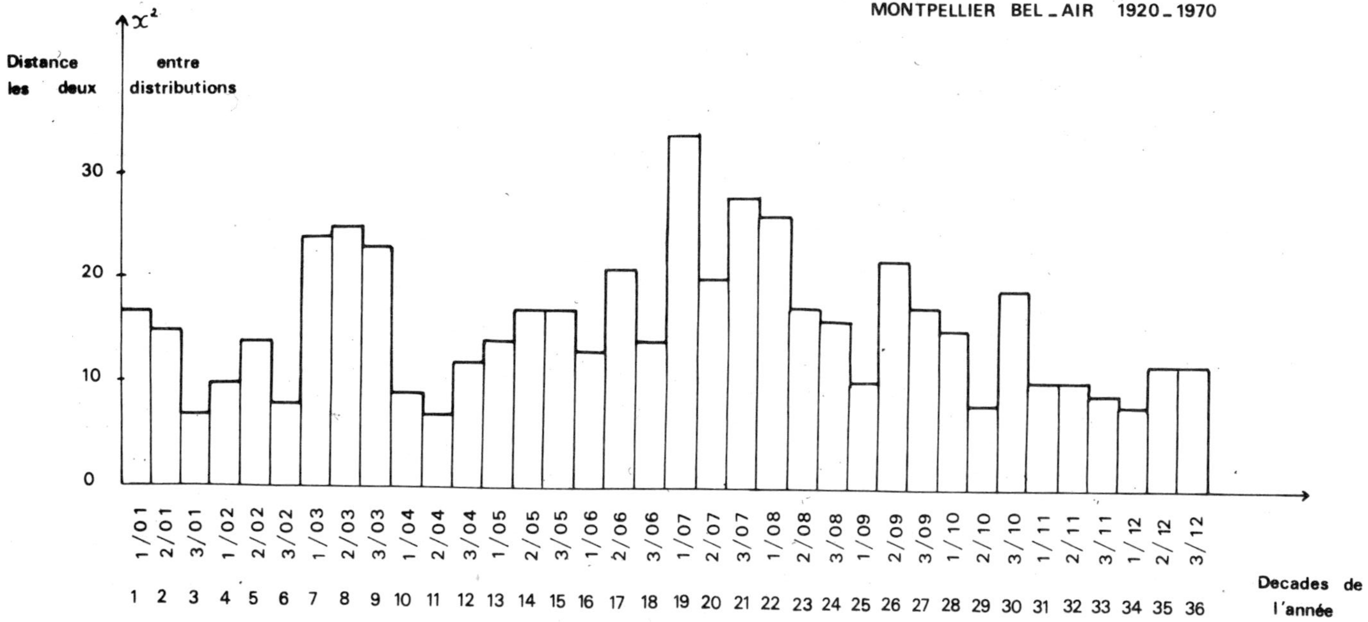

Fig: 2

FREQUENCE DIURNE DES PRECIPITATIONS

Après avoir découpé la journée en 24 heures, l'heure n° 1 étant comprise entre 0 et 1 heure, l'heure n° 2 entre 1 heure et 2 heures et ainsi de suite, nous considérons qu'une heure est pluvieuse si, pendant cette heure, il tombe au moins 1/10 de millimètres d'eau.

Pour avoir un nombre d'observations suffisant tout en considérant un intervalle de temps assez court, nous avons travaillé par décade avec 3 décades par mois, la première du 1 au 10, la seconde du 11 au 20, la troisième du 21 à la fin du mois, soit pour l'année 36 décades.

Pour les différents jours de chacune des 36 décades observées sur 52 ans (1920 à 1971) nous avons compté le nombre de fois où les heures précédemment définies ont été pluvieuses. Nous avons ainsi obtenu un tableau de 36 * 24 nombres nij, l'indice i variant de 1 à 36 repérant les décades ou les lignes du tableau, l'indice j variant de 1 à 24 indiquant les heures de la journée ou les colonnes du tableau.

Si les précipitations étaient également réparties sur les différentes heures de la journée, le nombre théorique d'observations pluvieuses par heure nti, pour une décade quelconque i, devrait être tel que :

$$nti \simeq \frac{ni}{24}$$

avec $ni = \sum_{j=1}^{j=24}$ nij, somme de toutes les heures pluvieuses observées sur la décade.

L'écart entre les fréquences réellement observées (nij) et celles qu'on devrait théoriquement obtenir en cas de répartition uniforme des précipitations (nti) peut être mesuré au moyen d'une grandeur statistique appelée Chi carré (χ^2), telle que :

$$\chi^2 = \sum_{j=1}^{j=24} \frac{(nij - nti)^2}{nti} \quad / \quad \text{avec } nit \geqslant 5$$

La figure 2 montre les valeurs prises par cette grandeur statistique pour les différentes décades.

Statistiquement, en cas de répartition uniforme des précipitations entre les heures de la journée (23 degrés de liberté) il y a :

- une probabilité 0,1 d'avoir $\chi^2 \geqslant 32,0$
- une probabilité 0,25 d'avoir $\chi^2 \geqslant 27,1$
- une probabilité 0,5 d'avoir $\chi^2 \geqslant 22,3$

On a donc moins d'une chance sur 10 d'observer un χ^2 aussi élevé que celui de la première décade de Juillet, et moins de 25 chances sur 100 d'observer un χ^2 aussi élevé que celui de la 3ème décade de Juillet si l'hypothèse de répartition uniforme est vraie.

Sur le résultat d'un échantillon, on ne peut donc pas rejeter catégoriquement l'hypothèse de répartition uniforme même pour les décades qui ont le χ^2 le plus élevé. On peut simplement dire que c'est entre le premier juillet et le 10 août d'une part, et en mars d'autre part, que la répartition des heures pluvieuses s'écarte le plus d'une loi uniforme. C'est en février, en avril et en novembre qu'elle s'en rapproche le plus.

Pour pouvoir tirer des conclusions plus sûres, il faut augmenter le nombre des échantillons. Malheureusement, avec 288 observations sur 52 premières décades de juillet, on ne peut faire que deux échantillons qui satisfont à nti ⩾ 5. Pour multiplier les échantillons, il faut donc travailler à l'échelle du mois et considérer par exemple les différentes quasi-décennies : 1920-1930, 1931-1940, 1941-1950, 1951-1960, 1961-1971, soit 5 échantillons.

Nous avons obtenu les résultats figurant sur le tableau ci-après :

	Distance χ^2 entre la répartition des heures pluvieuses observées et une répartition uniforme	
Décennie	Mars	Juillet
1920-1930	11,4	19,3
1931-1940	11,3	18,1
1941-1950	26,8	33,7
1951-1960	32,5	38,5
1961-1971	23,3	19,6

Dans l'hypothèse d'une répartition uniforme des heures pluvieuses, la plus faible valeur du mois de Juillet : 18,1 a une probabilité 0,75 d'être atteinte ou dépassée. La probabilité, qu'elle soit dépassée 5 fois de suite au cours de tirages aléatoires, est égale à $(0{,}75)^5 \simeq 0{,}23$ c'est-à-dire qu'elle est encore importante. On ne peut donc pas rejeter l'hypothèse de répartition uniforme des heures pluvieuses.

D'autre part, les 684 heures pluvieuses observées au mois de juillet pendant les 52 ans ne permettent pas d'augmenter davantage le nombre d'échantillons satisfaisant à la contrainte nti ⩾ 5.

Cependant, ne pas rejeter l'hypothèse uniforme ne veut pas dire forcément l'admettre. Il faudrait auparavant chiffrer la probabilité d'obtenir des valeurs χ^2 comme celles que l'on a obtenues ici, pour quelques hypothèses

FREQUENCE DES HEURES PLUVIEUSES DANS UNE JOURNEE MONTPELLIER BEL-AIR 1920-1971

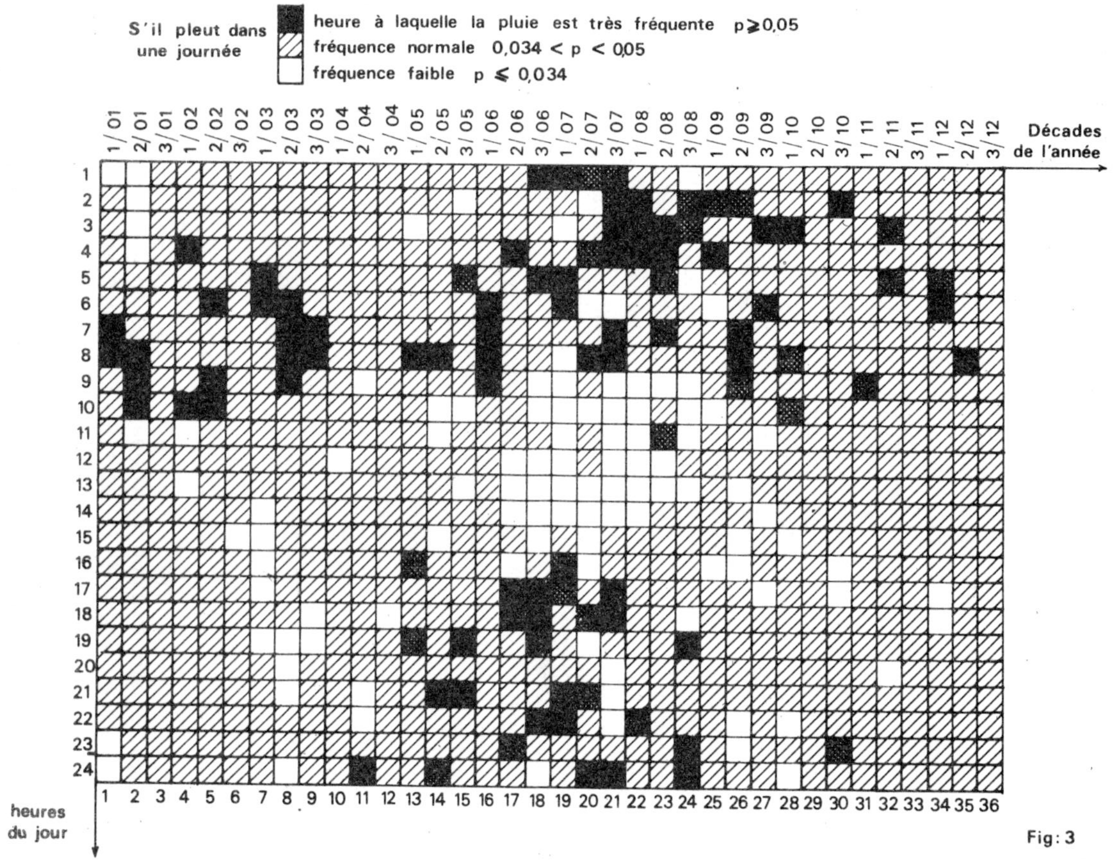

Fig: 3

alternatives de répartition non uniforme des précipitations entre les heures de la journée (erreur de 2ème espèce). C'est un problème que nous laissons aux statisticiens.

Pour montrer quelles sont les heures de la journée où les précipitations sont les plus nombreuses et celles où elles y sont le moins, nous avons représenté la fréquence relative

$$nij = \frac{nij}{ni}$$

des heures pluvieuses dans chaque décade, sur la figure 3.

Plutôt que de porter la valeur numérique de chaque fréquence relative et pour accentuer les différences, nous avons réparti les fréquences en 3 classes :

- précipitations peu nombreuses
- précipitations normales
- précipitations fréquentes.

Les limites des classes ont été choisies en tenant compte d'une part de la fréquence Pt correspondant à une répartition uniforme : 0,04166, et d'autre part du nombre moyen $\bar{n}$ d'heures pluvieuses observées par décade sur 52 ans : 717.

En matière de proportions, on sait que la variable

$$y = 2 \text{ arc sin } \sqrt{\frac{nij}{n}}$$

suit une distribution approximativement normale, avec un écart type voisin de $1/\sqrt{n}$.

Dans l'hypothèse d'une distribution uniforme des heures pluvieuses, la variable

$$y = 2 \text{ arc } \sin \sqrt{pt}$$

sera comprise environ 68 fois sur 100 dans les limites :

$$2 \text{ arc } \sin \sqrt{pt} \pm \frac{1}{\sqrt{n}}$$

ces limites, par transformation inverse nous donnent deux valeurs de fréquences relatives :

0,034
0,050

entre lesquelles on trouvera approximativement 68 % des fréquences relatives si l'hypothèse énoncée est vraie. Ce sont ces valeurs que nous avons retenues comme limites de classe.

Sur la figure 3 on remarque que les décades correspondant aux fréquences extrêmes se groupent de manière assez nette.

En particulier, *entre 12 heures et 16 heures, il n'y a pas d'heures fréquemment pluvieuses, mais un maximum d'heures avec des précipitations peu fréquentes.*

FREQUENCE DES HEURES PLUVIEUSES DANS UNE JOURNEE POUR L'ENSEMBLE DE L'ANNEE A MONTPELLIER BEL-AIR 1920-1971

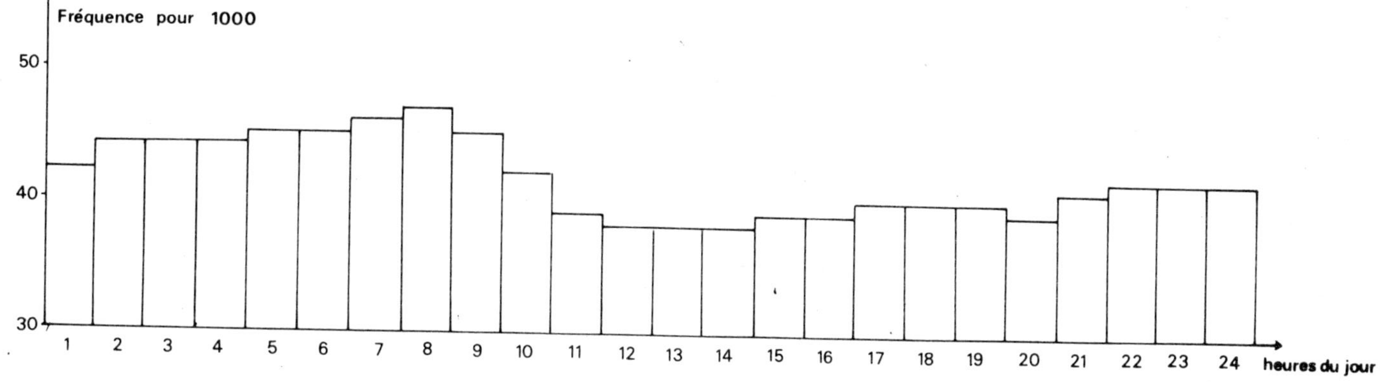

Fig. 4

INTENSITE HORAIRE MOYENNE DES PLUIES SELON LES MOIS DE L'ANNEE

Hauteur moyenne precipitée par heure Montpellier Bel-Air 1920 - 1971

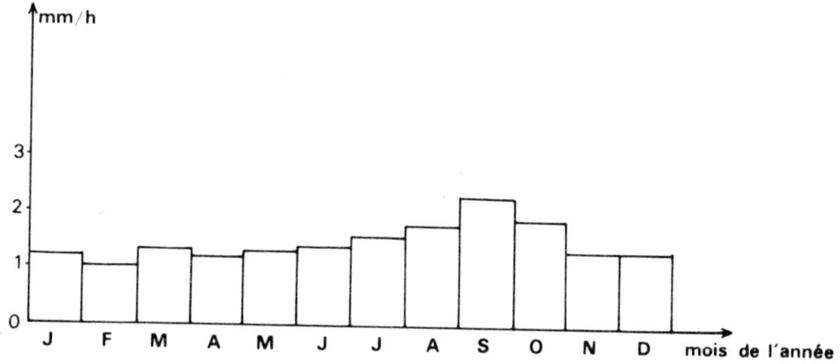

Fig. 5

C'est donc dans cette tranche horaire qu'on devrait relever les pluviomètres pour éviter au maximum de séparer les précipitations naturelles.

En ce qui concerne les périodes où la répartition des heures pluvieuses s'écarte le plus d'une loi uniforme, on remarque :

- pour Juillet-Août, les heures les plus pluvieuses se rencontrent un peu partout en dehors de la tranche horaire 9 h - 16 h avec toutefois un maximum entre 0 h et 5 h ;
- en Mars, les heures les plus pluvieuses sont localisées uniquement le matin entre 5 heures et 10 heures.

Ces différences ressortent bien à l'échelle globale de l'année (figure 4) où le minimum de fréquence des heures pluvieuses se situe nettement entre 10 heures et 17 heures, le maximum se situant lui entre 4 heures et 9 heures.

La fréquence des précipitations apparaît donc liée au cycle diurne de la température. Elle est minimale aux heures les plus chaudes vers le milieu de la journée. Physiquement cela correspond à l'augmentation du taux de vapeur saturante avec la température.

Inversement, les précipitations sont plus fréquentes aux heures les plus froides, c'est-à-dire au voisinage du lever du soleil. On remarque nettement l'influence de la saison, puisque le minimum pluviométrique passe de 7-8 heures en Janvier-Mars à 3-4 heures en Juillet-Août.

Quant aux fréquences élevées vers 17 h - 18 h en été, elles correspondent à des phénomènes convectifs et à la formation de nuages d'orage.

FREQUENCE DES FORTES INTENSITES

Tandis que la répartition des quantités précipitées au cours de l'année a déjà fait l'objet de quelques études (Chaptal 1934, Vernet et Marger 1947) la répartition des fortes intensités dans l'année n'a pas donné lieu à beaucoup de représentations quantitatives, du moins à notre connaissance, c'est pourquoi nous commencerons par examiner cet aspect.

Répartition dans l'année

Une première représentation quantitative est obtenue en rapprochant les hauteurs précipitées du nombre d'heures pluvieuses observées sur la même période. La représentation qui nous a semblé la meilleure consiste à calculer *la hauteur moyenne précipitée par heure* pour chacun des mois de l'année. La figure 5 montre les variations mensuelles de l'intensité horaire moyenne des précipitations, le maximum étant atteint en septembre avec 2,3 mm/h, le minimum se produisant en février avec 1,0 mm/h.

Pour étudier la distribution des fortes intensités entre les heures de la journée, nous avons procédé comme au paragraphe précédent mais en augmentant la hauteur de pluie considérée pour ne retenir que les précipitations les plus fortes.

PROPORTION DES HEURES PLUVIEUSES QUI ATTEIGNENT OU DEPASSENT :

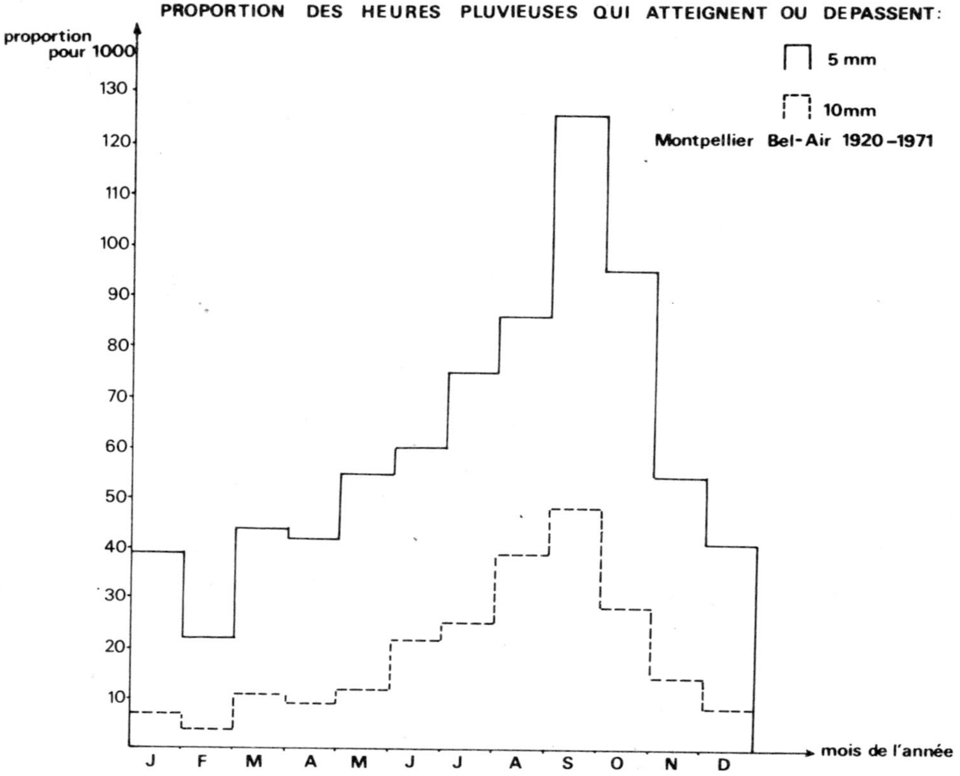

Fig.

REPARTITION DANS LA JOURNEE DES PLUIES HORAIRES DE FORTE INTENSITE :

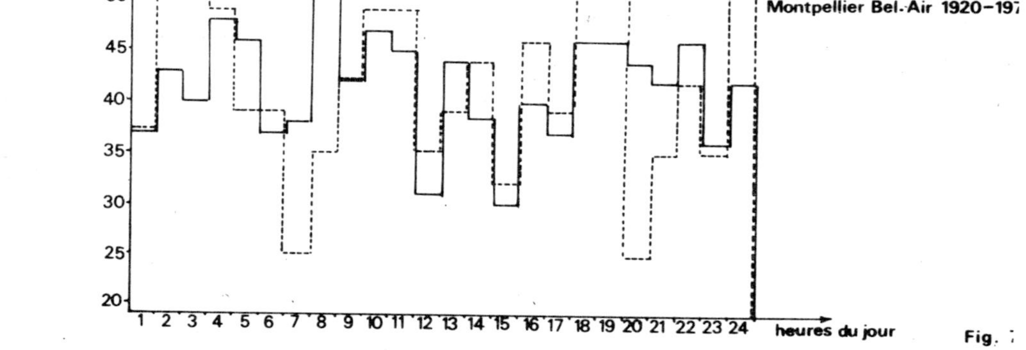

Fig.

Nous avons considéré deux cas :
- les heures où il est tombé au moins 5 mm d'eau
- les heures où il est tombé au moins 10 mm d'eau.

Le tableau ci-après récapitule mois par mois le nombre d'heures observées selon le seuil de pluie considéré.

MONTPELLIER BEL-AIR 1920-1971

Mois de l'année	Nombre d'heures où il est tombé :		
	au moins 0,1 mm	au moins 5 mm	au moins 10 mm
Janvier	2377	92	16
Février	1989	44	7
Mars	3000	131	34
Avril	2477	105	22
Mai	2116	116	25
Juin	1151	69	25
Juillet	684	51	17
Août	1169	100	47
Septembre	2021	253	98
Octobre	2810	268	78
Novembre	2923	158	40
Décembre	3089	126	24
ANNEE	25806	1513	432

Sur la figure 6 nous avons porté mois par mois :
- la proportion des heures pluvieuses qui dépassent 5 mm/h
- la proportion des heures pluvieuses qui dépassent 10 mm/h.

Sur l'année, 6 % environ des heures pluvieuses ont plus de 5 mm, 17 pour 1000 seulement ont plus de 10 mm. Mais on observe des différences assez considérables entre les mois, la proportion des heures avec plus de 5 mm variant de 1 (Février) à 5,5 (Septembre), celle des heures avec plus de 10 mm variant de 1 (Février) à 12 (Septembre).

Répartition dans la journée

Pour qui s'intéresse aux phénomènes naturels, il semble bien que les fortes pluies qui se produisent en été et en automne sur le pourtour de la Méditerranée sont dues à des orages qui se forment surtout en fin d'après-midi.

Il faut croire que ces orages, s'ils se forment en fin d'après-midi, éclatent à peu près à n'importe quel moment de la journée, car à notre grand étonne-

BIBLIOGRAPHIE

CAPPUS P. Bassin expérimental d'Alrance
Résultat du «Champ de Pluviomètre».
Note interne EDF, HYD 57/n° 10 - 6 pages.

CHAPTAL L. Les pluies de la fin du mois de Septembre 1933
à Montpellier.
Annales de l'Ecole Nationale d'Agriculture de
Montpellier - Tome XXII Fascicule IV pp 335-344 -
1934.

VERNET A. et MARGER J.
La variabilité de la pluie dans le Languedoc méditerranéen.
Annales agronomiques 1947 pp 1 à 12.

ment nous n'avons pas pu mettre en évidence une fréquence plus élevée des fortes intensités à un moment quelconque de la journée.

La répartition du nombre de pluies horaires intenses selon les heures de la journée est très proche d'une loi uniforme et il n'existe même pas une tendance à l'augmentation de ce nombre pour les heures de fin d'après-midi en été. Cette répartition est visualisée par la figure 7 pour l'ensemble de l'année.

CONCLUSION

52 années d'enregistrements continus de la pluie à Montpellier Bel-Air n'ont pas permis de mettre statistiquement en évidence une répartition préférentielle des précipitations à certaines heures de la journée. Tout au plus observe-t-on que l'intervalle 12 heures-16 heures a tendance à être moins pluvieux que le reste de la journée, ceci quelle que soit la saison.

Les pluies intenses sont très inégalement réparties selon les saisons. Rares en février (intensité horaire moyenne 1,0 mm/h) elles sont beaucoup plus fréquentes en septembre (intensité horaire moyenne 2,3 mm/h). S'il pleut, la probabilité d'avoir une pluie horaire supérieure à 5 mm varie de 1 à 5 entre ces deux mois, la probabilité d'avoir une pluie horaire supérieure à 10 mm variant, elle, de 1 à 12.

Le lien qui pourrait exister entre les pluies intenses et les orages qui se forment en fin d'après-midi en été et en Automne n'est pas mis en évidence par les statistiques : les pluies horaires intenses sont à peu près uniformément réparties dans la journée.

TOURISME, LOISIRS et CULTURE : la FREQUENTATION de L'ABBAYE de BAUME - Les - MESSIEURS

J. PRAICHEUX - Université de Besançon

Baume-les-Messieurs est un village de 230 habitants, situé au fond d'une reculée, à l'écart des grandes voies de communication, et d'accès malaisé. Au coeur d'une zone à dominante rurale, il est relativement éloigné des centres urbains régionaux (voir carte n°1). Baume est néanmoins un centre touristique notoire offrant tout à la fois un site naturel remarquable et un ensemble architectural original. La reculée de Baume-les-Messieurs est devenue l'archétype de ces pittoresques vallées aveugles qui entaillent la région du vignoble jurassien.

Son panorama et la visite de ses grottes amènent pendant les mois d'été un nombre considérable de visiteurs. Visiteurs de passage bien sûr, puisque Baume est à moins de 20 km de la N 83 de Besançon à Lons-le-Saunier, mais aussi touristes séjournant dans une région riche en capacités d'accueil et en ensembles naturels attractifs (lacs de Chalain et de Vouglans, nombreux résidents secondaires de toute la région du Vignoble). Ce site exceptionnel est réhaussé par la présence d'un ensemble architectural et artistique de premier ordre avec une ancienne abbaye, mais aussi l'embryon d'un Musée Départemental des Arts et Traditions Populaires. Les deux salles qui le composent sont le point de départ d'un projet plus vaste «orienté de telle sorte qu'au delà de l'outil soit perçu le labeur de l'homme», dans un style qui s'éloigne de l'habituelle présentation muséographique. Le visiteur doit pouvoir flaner à travers «un vrai village vivant où les ateliers des artisans seraient ouverts comme si l'ouvrier venait de s'absenter pour quelques instants». Des visites de l'église abbatiale et des expositions d'Art Sacré sont organisées en été. Quelques manifestations musicales s'y déroulent également.

Enfin, Baume est aussi une communauté villageoise dont les membres ne sont pas préparés à l'implantation d'un centre culturel. Comme le révèleront les résultats de l'enquête, les habitants ressentent une certaine méfiance et inquiétude face au développement du tourisme.

La connaissance sommaire de l'environnement culturel de Baume n'est pas indifférente à la perception des chances de développement d'un Centre Culturel et de la réponse qu'y donneront les Jurassiens. Brièvement, on peut dire que la vie culturelle du département du Jura se caractérise par :

- la place importante faite au théâtre; mais parallèlement, dans le souci d'élargir leur audience, les animateurs font une place croissante à d'autres activités (sportives, d'initiation et de découverte);
- la mise sur pied d'expériences de diffusion itinérante et d'animation

CARTE 1

BAUME PAR RAPPORT AUX DIFFERENTS CENTRES URBAINS

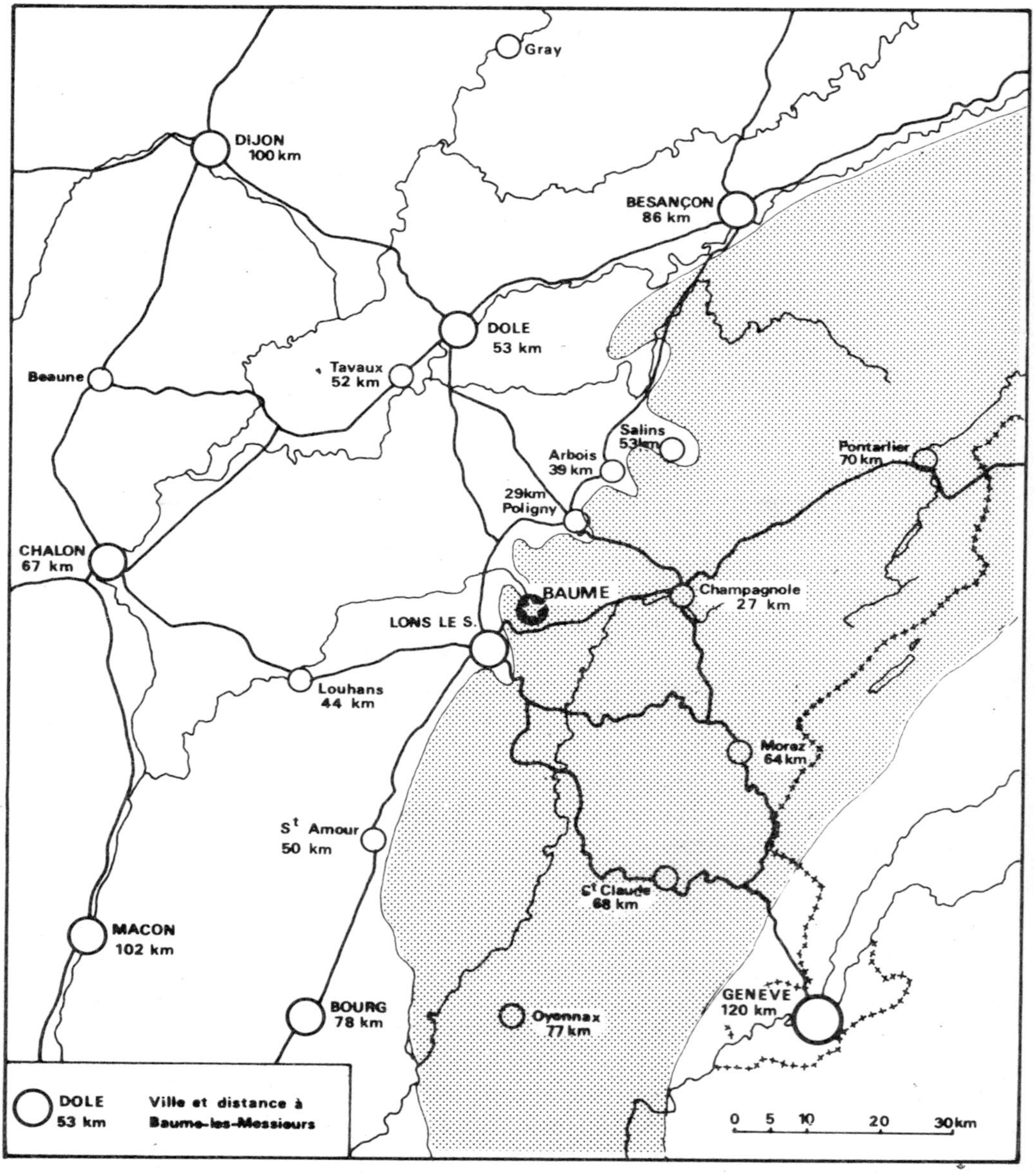

scolaire ;

- le développement d'une activité culturelle liée à la promotion touristique du département (exposition d'été, visites commentées d'ensembles architecturaux, son et lumière, etc ...) ;

- la faiblesse des apports extérieurs au département, principalement liés aux activités théatrales. Les grandes villes proches (Besançon, Dijon) exercent une attraction évidente mais très variable selon les groupes d'âge et les catégories socio-professionnelles considérées. Nous y reviendrons ;

- enfin par le manque de moyens surtout matériels qui donne à l'animation culturelle un effet ponctuel et finalement assez précaire.

Le projet de création d'un Centre Culturel à l'abbaye de Baume devrait découler, outre de décisions administratives et financières, d'une connaissance de l'abbaye par ses utilisateurs.

La fréquentation du Centre peut prendre des formes très différentes :

- elle peut être le fait d'une clientèle de passage attirée par la publicité, quelle qu'en soit l'origine, et qui consent à une visite au cours d'un déplacement ;

- elle peut être liée à un tourisme de séjour : nous l'avons dit, cette région connaît en été une fréquentation touristique assez considérable, diffuse dans les résidences secondaires du Revermont, ponctuelle lorsqu'il existe des capacités d'hébergement importantes (comme dans la zone du lac de Chalain);

- surtout, l'activité de ce Centre ne doit pas être liée à une fréquentation touristique saisonnière mais doit s'insérer dans le cadre d'une vie culturelle régionale et c'est des villes et campagnes proches que doit provenir, dans l'esprit de ses promoteurs, l'essentiel de sa fréquentation. Il importe donc de connaître les besoins culturels de la population régionale, la manière dont ils se manifestent, pour obtenir l'image d'une clientèle régionale potentielle.

Plusieurs enquêtes (*) ont été menées pour toucher et connaître ces différents types de clientèle. La première s'est adressée à la clientèle actuelle,

(*) Cette étude a été menée par des étudiants du Centre de Recherche Socio-Economique de la Faculté des Lettres et Sciences Humaines de Besançon à la demande d'un organisme d'études régionales. Ce dernier a conçu et réalisé les 2 premières enquêtes. Les étudiants du CRSE ont assuré la réalisation de la troisième. Ils ont par ailleurs et surtout pris en charge le dépouillement et l'interprétation de la totalité des enquêtes, qui ont donné lieu à la réalisation d'un mémoire.

Tableau n° 1

Caractères		Nbre de réponses (pourcentages)	Nbre de réponses (valeur absolue)
Tranches d'âge	. 0 - 30 ans	31	70
	. 31 - 50 ans	56	126
	. plus de 50 ans	13	28
Catégories socio-profession-nelles	.Professions libérales, cadres sup.	34	89
	Cadres moyens	12	32
	.Employés	15	39
	.Ouvriers	11	30
	.Autres	14	37
	.Sans profession	14	35
Cadre de la visite à l'ab-baye	.Séjourne dans la région	38	100
	.En excursion dans la région	35	93
	.De passage dans la région	36	95
Découverte de l'existence de l'abbaye	.En venant voir la reculée et les grottes	10	28
	.Par panneau routier	9	24
	.Par guide touristique	29	76
But de la visite	.Intérieur de l'église	82,5	217
	Musée des Arts et .Traditions populaires	50	152
	.Exposition «Art Sacré du Jura»	60	157
Niveau de satisfaction	.L'abbaye vaut le déplace-ment	83	218
	.Equipement d'accueil suf-fisant :		
	.bureau de renseignements	24	63
	.nombre de guides	27	70
	.restaurant-bar	20	52
Eventualité d'une nouvelle visite pour	.un concert	64	168
	.une représentation théatrale	52	138
	.un spectacle folklorique	52	138
	.une exposition artistique	53	139

Figure 1

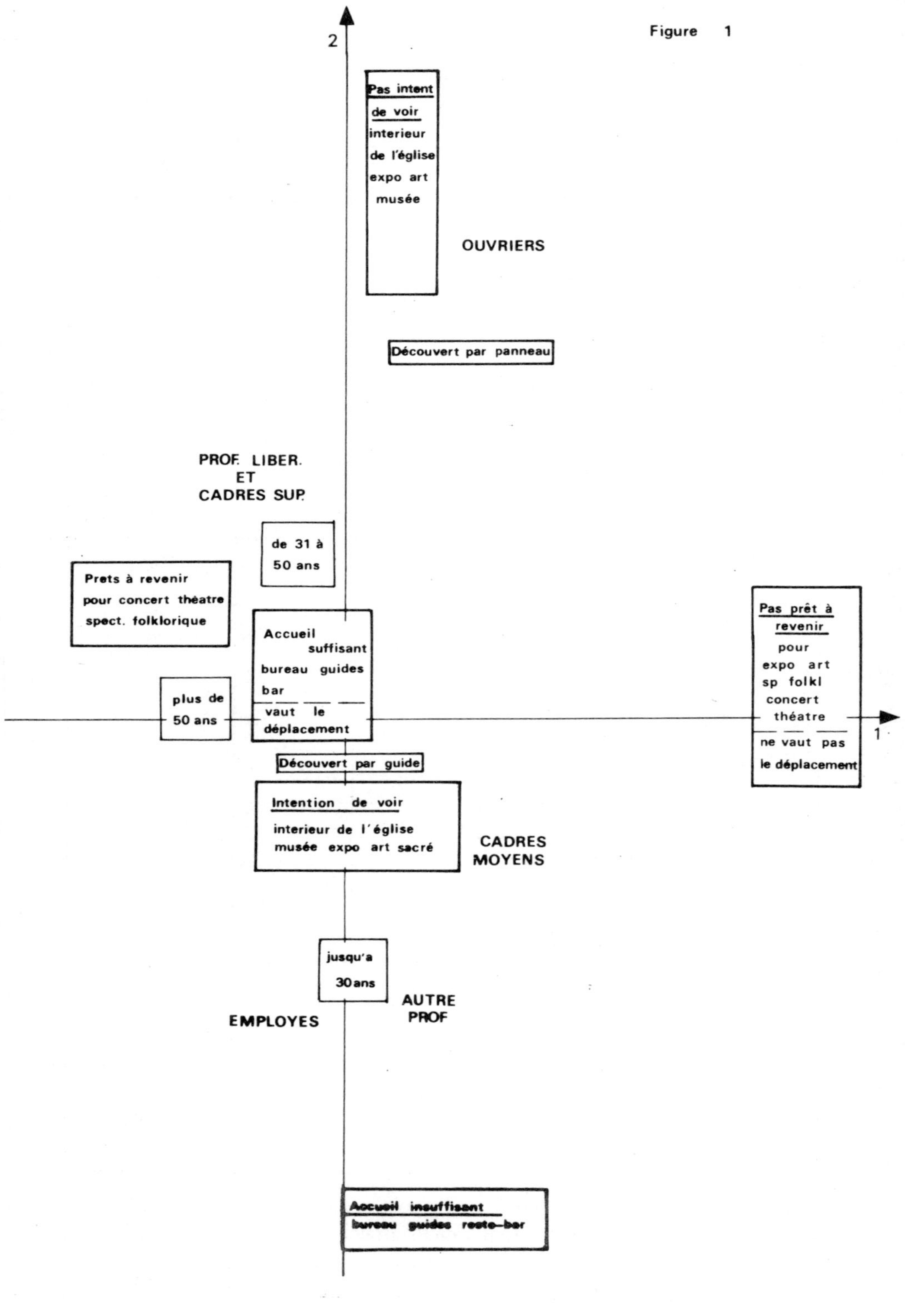
2
Pas intent
de voir
interieur
de l'église
expo art
musée
OUVRIERS
Découvert par panneau
PROF. LIBER.
ET
CADRES SUP.
de 31 à
50 ans
Prets à revenir
pour concert théatre
spect. folklorique
Accueil
suffisant
bureau guides
bar
vaut le
déplacement
plus de
50 ans
Pas prêt à
revenir
pour
expo art
sp folkl
concert
théatre
ne vaut pas
le déplacement
1
Découvert par guide
Intention de voir
interieur de l'église
musée expo art sacré
CADRES
MOYENS
jusqu'a
30 ans
AUTRE
PROF
EMPLOYES
Accueil insuffisant
bureau guides resto-bar

Les corrélations entre les différents caractères ont été mises en évidence par l'analyse factorielle. La figure n° 1 donne un schéma des rapports entre les caractères étudiés.

Plusieurs thèmes peuvent être dégagés :

a) La zone centrale représente tous les caractères de satisfaction («prêts à revenir», «accueil suffisant», etc...). Cette satisfaction touche d'ailleurs une majorité d'individus comme le prouve le tableau précédent. Les sujets concernés ici se trouvent dans la tranche d'âge de 31 à 50 ans ainsi que dans les catégories professions libérales, cadres supérieurs et moyens.

b) Les zones extrêmes des axes 1 et 2 représentent des sujets peu nombreux mais insatisfaits.

Les ouvriers, au-dessus de l'axe 2 forment un groupe à part. La visite de l'abbaye apparaît fortuite puisque la plupart d'entre eux l'ont découverte par la présence de panneaux indicateurs. L'église et les musées les intéressent relativement peu. Ils semblent davantage attirés par l'existence d'une curiosité que par la visite effective.

Un autre groupe se détache assez nettement en bas de l'axe 2, insatisfait surtout de l'accueil. Il est surtout constitué des plus jeunes, de moins de 30 ans.

Enfin à droite de l'axe 1, un dernier groupe se caractérise par une relative déception vis à vis de l'abbaye et par la volonté de ne pas y revenir. Cet ensemble (ce détail n'est pas représenté sur le graphique) est surtout constitué d'étrangers et leur manque de goût pour une nouvelle visite se comprend alors mieux.

Un deuxième passage ne concernant que les réponses positives a été effectué. Il ne fait que confirmer les conclusions précédentes. Une précision cependant : les ouvriers, peu sensibilisés par les autres caractères, se montrent plutôt satisfaits de l'accueil et semblent se diriger vers ce type de réponse (sans que l'on puisse se prononcer clairement sur leurs motivations : satisfaction réelle ou donner le change de leurs autres réponses négatives ?).

2) La place de Baume dans les loisirs des touristes

Cette seconde enquête a été réalisée auprès des touristes séjournant au terrain de camping de Chalain, distant de Baume d'environ 20 km. Le questionnaire, dont 100 exemplaires ont été remplis, se proposait de mettre en évidence le pourcentage d'estivants ayant visité les grottes et surtout l'abbaye, et qui seraient susceptibles d'assister aux manifestations les plus attractives qui pourraient s'y dérouler (les résultats sont fournis par question, dans le tableau n° 2).

Tableau n° 2

	Caractères	Réponses en %
classes d'âge	0 - 30 ans	31
	31 - 50 ans	60
	plus de 50 ans	8
Catégories socio-professionnelles	Patrons de l'industrie et du commerce	1
	Cadres supérieurs, professions libérales	16
	Cadres moyens	16
	Employés	22
	Ouvriers	7
	Autres	32
Découverte de l'abbaye par	Guides touristiques	19
	Publicité à Chalain	13
	Syndicat d'initiative	12
	Divers (surtout amis ou relations)	21
Avez-vous visité	La reculée de Baume	72
	les grottes	65
	l'abbaye	41
Sinon, avez-vous l'intention de voir	La reculée	15
	les grottes	21
	l'abbaye	25
Iriez-vous à l'une ou l'autre de ces manifestations	En journée :	
	Concert	20
	Théâtre	25
	Spectacle folklorique	74
	Exposition artistique	56
	En soirée :	
	Concert	49
	Théâtre	56
	Spectacle folklorique	47
	Exposition artistique	23

Le graphique simplifié établi après passage en analyse factorielle fait apparaître 5 groupes distincts (voir figure 2) :

Figure 2

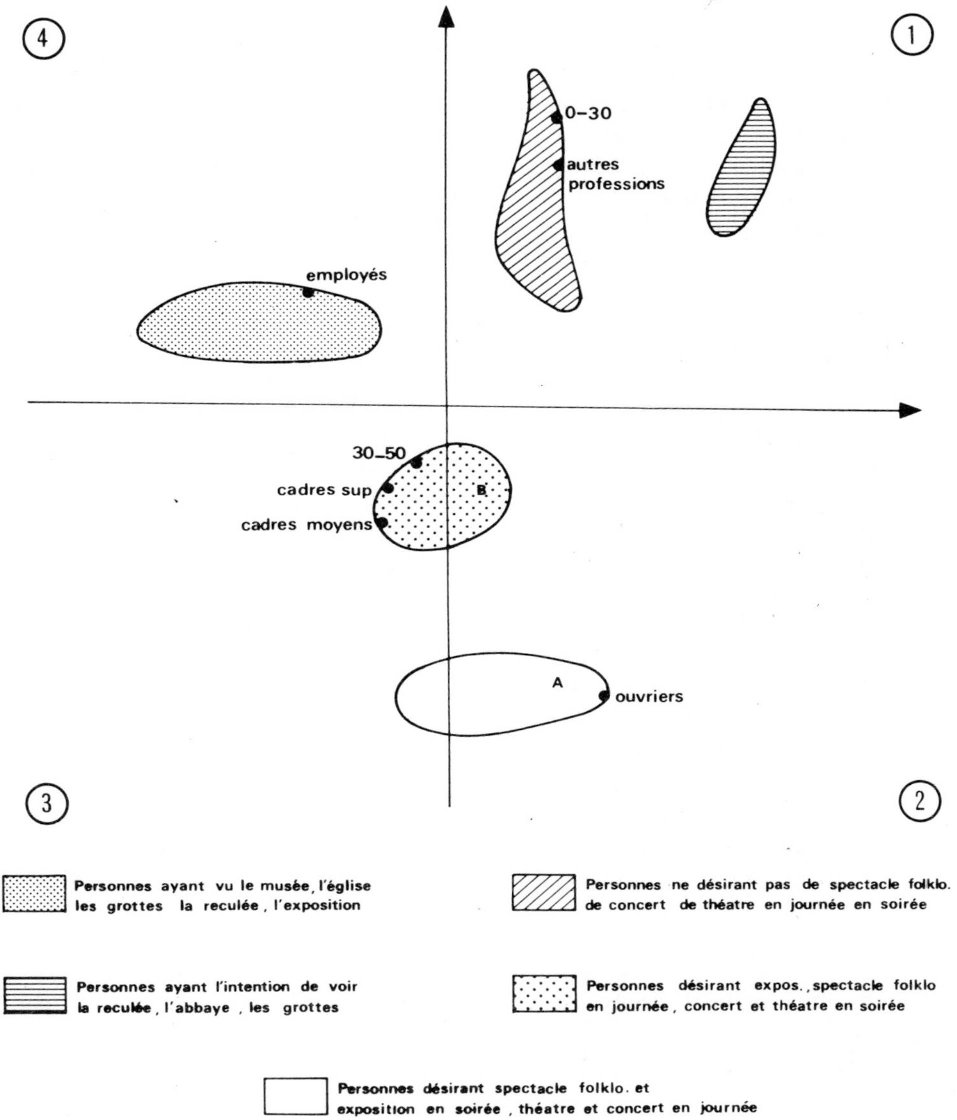
4
1
0–30
autres
professions
employés
30–50
cadres sup
cadres moyens
B
A
ouvriers
3
2
Personnes ayant vu le musée, l'église
les grottes la reculée, l'exposition
Personnes ne désirant pas de spectacle folklo.
de concert de théatre en journée en soirée
Personnes ayant l'intention de voir
la reculée, l'abbaye, les grottes
Personnes désirant expos., spectacle folklo
en journée, concert et théatre en soirée
Personnes désirant spectacle folklo. et
exposition en soirée, théatre et concert en journée

a) dans le secteur 1 se regroupent les individus de moins de 30 ans, en grande majorité scolaires ou étudiants. Ce groupe est caractérisé par 2 attitudes : d'une part un très faible intérêt pour toute manifestation culturelle se déroulant dans le cadre de l'abbaye, d'autre part un goût peut-être plus prononcé pour les sites naturels : si peu d'entre eux ont déjà vu les grottes et la reculée, beaucoup semblent avoir «l'intention» de les visiter.

b) Les secteurs 2-3 font apparaître 2 groupes assez nettement individualisés :

- le groupe A se compose d'un nombre assez réduit de personnes aux réponses peu cohérentes et peu tranchées. Le point définissant la situation des ouvriers se trouve dans cette zone. D'un point de vue commercial, ce groupe paraît assez peu intéressant dans la mesure où les intérêts semblent marginaux et dispersés.

- Le groupe B semble concentrer la clientèle potentielle la plus intéressante en vue d'un aménagement socio-culturel de l'abbaye, du moins tel qu'il est envisagé. Les caractéristiques d'âge et de profession sont très nettement déterminées : de 30 à 50 ans, cadres moyens et supérieurs, professions libérales. Leurs désirs d'activités culturelles, contrairement au groupe précédent, correspondent aux usages traditionnellement établis : exposition ou spectacle folklorique dans la journée, théâtre ou concert en soirée.

c) Le secteur 4 enfin, rassemble les individus ayant visité le site et l'abbaye. Le groupe ne se caractérise pas par un très fort désir de participer à des activités socio-culturelles.

Les touristes étrangers ont, dans le cadre de cette enquête, une place privilégiée puisqu'ils constituent le quart de l'échantillon ; la moitié environ semble intéressée par des activités culturelles se déroulant dans le cadre de l'abbaye ; il est vrai cependant que la proportion d'étrangers séjournant à Chalain est très supérieure à celle que l'on pourrait trouver dans les autres zones d'hébergement touristique de la région.

Il est enfin intéressant de constater la similitude des réactions des différents groupes d'âge et socio-professionnels aux deux enquêtes ; elle tend à renforcer la crédibilité des conclusions et permet de cerner assez précisément le type de clientèle susceptible de fréquenter un certain type d'équipement socio-culturel.

II - LA RECHERCHE D'UNE CLIENTELE POTENTIELLE REGIONALE

Ces deux enquêtes menées auprès des touristes de Baume et de Chalain ont fait appraître deux grandes catégoriess de «clients» : les «touristes promeneurs» attirés par le pittoresque du site naturel, et les «touristes visiteurs», surtout intéressés par l'aspect culturel du lieu.

La perception plus précise des besoins des gens et de la réponse d'une

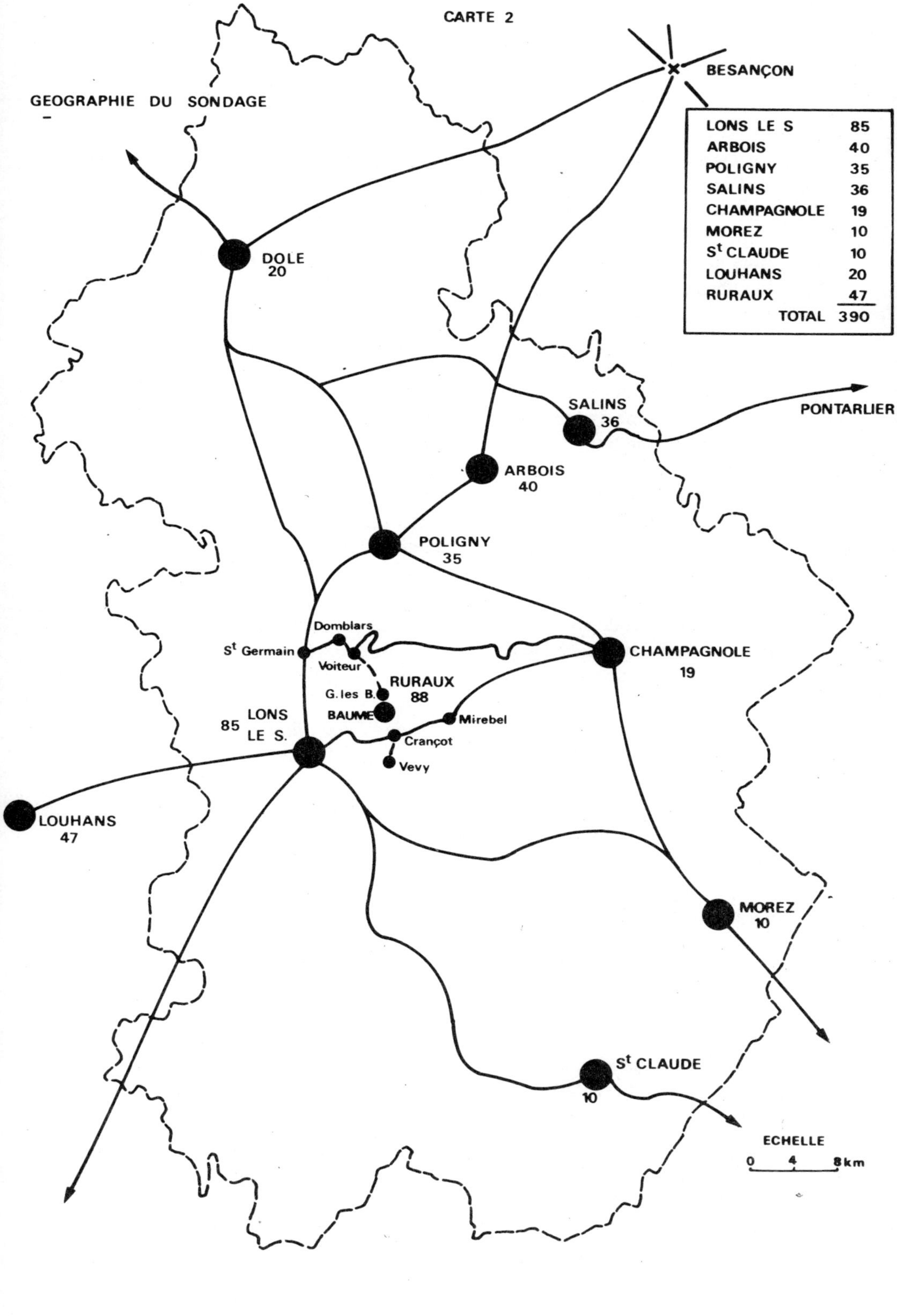
CARTE 2
GEOGRAPHIE DU SONDAGE
BESANÇON
LONS LE S 85
ARBOIS 40
POLIGNY 35
SALINS 36
CHAMPAGNOLE 19
MOREZ 10
St CLAUDE 10
LOUHANS 20
RURAUX 47
TOTAL 390
DOLE
20
SALINS
36
PONTARLIER
ARBOIS
40
POLIGNY
35
Domblars
St Germain
Voiteur
CHAMPAGNOLE
19
RURAUX
88
G. les B.
BAUME
LONS
LE S.
85
Mirebel
Crançot
Vevy
LOUHANS
47
MOREZ
10
St CLAUDE
10
ECHELLE
0 4 8km

clientèle à des aménagements possibles impose une connaissance plus générale de l'attitude des Jurassiens face à l'offre socio-culturelle. La formule d'enquête directe semble la mieux adaptée. La limitation évidente des moyens matériels imposait la sélection d'un échantillon. Simplement nous préciserons les quelques données de base qui nous ont guidés. L'enquête devait porter à la fois sur le milieu urbain et le milieu rural en prenant comme postulat la plus grande mobilité des citadins que des ruraux ; ce fait nous a entrainé à effectuer des enquêtes en milieu urbain dans des villes relativement éloignées de Baume alors que celles menées en milieu rural se sont circonscrites dans un espace beaucoup plus restreint (voir carte n° 2) : 350 questionnaires devaient être établis dans les villes, chacune d'entre elles ayant une importance (dans l'enquête) qui procédait de la population pondérée par l'éloignement vis à vis de Baume.

Primitivement, 150 questionnaires devaient être consacrés aux communes rurales : ces dernières avaient été sélectionnées sur les 3 principaux axes routiers proches de Baume. On peut constater sur la carte n° 2 que cet objectif n'a pas été atteint et que le nombre d'enquêtes est inférieur aux prévisions tant dans les villes que dans les communes rurales. Les 390 questionnaires remplis permettent néanmoins d'avoir du phénomène une vue assez bonne.

Le texte cì-dessous présente le visage de l'échantillon, les réponses aux principales questions, et les graphiques réalisés après traitement par analyse factorielle, accompagnée de quelques commentaires.

1) La composition et les caractères de l'échantillon

a) Caractères d'identification (exprimés en pourcentage)

Hommes	51
Femmes	49
Urbains	77,5
ruraux	22,5
Classes d'âge	
Moins de 18 ans	15
de 18 à 34 ans	43
de 35 à 49 ans	21
Plus de 49 ans	21
Catégories socio-professionnelles	
Patrons, professions libérales	19,5
Cadres	10,5
Employés	14

Ouvriers	9
Agriculteurs	3,5
Autres	12
Retraités	11
Etudiants et scolaires	20,5

b) Les activités socio-culturelles et de loisir

1 - Etes-vous membre d'une association ?
- sportive : 21,5 %
- culturelle : 18 %
- autre : 11 %

} 50,5 %

2 - Quelles sont les activités de loisir que vous aimeriez mieux connaître ?

- Musique	: 50 %	Danse	: 24 %
- lecture	: 47 %	Folklore	: 23,5 %
- Protection de la nature	: 46 %	Archéologie	: 18 %
- Cinéma	: 45 %	Spéléologie	: 14 %
- Théâtre	: 40,5 %	Arts plastiques	: 14 %
- Bricolage	: 39 %	Chant choral	: 8 %
- Photo	: 30,5 %	Autres	: 7 %
- Artisanat	: 29 %		

3 - Existe-t-il, dans votre lieu de résidence, une association à vocation culturelle qui vous permette d'exercer ces activités ?
Oui = 31 %

4 - Seriez-vous intéressé par la création d'une telle association au plan départemental ?
Oui = 56 %

c) Mobilité et motifs de déplacement

1 - Vous déplacez-vous hors de votre lieu de domicile pour des motifs
- sportifs : 32 %
- culturels : 31 %
- autres : 23 %

} 86 %

2 - Allez-vous à :

	Besançon	Chalon	Dijon	Dole	Lons	St-Claude
pour - théâtre concert conférence exposition	19 %	4 %	7 %	10 %	28 %	3 %
- variétés sport cinéma	26 %	10 %	8 %	20 %	51 %	10 %

3 - Si vous ne vous déplacez pas, quelles en sont les raisons ?

- vos activités n'impliquent pas de déplacement : 8 %
- les activités qui vous intéressent n'existent pas dans la région : 14 %
- les déplacements sont trop longs et trop coûteux : 14 %
- vous n'avez pas de moyen de transport : 13 %
- vous êtres trop fatigué : 25 %
- vous préférez rester à votre domicile : 19 %

d) Le rôle éventuel de l'abbaye de Baume

1 - Avez-vous visité

- l'abbaye de Baume les Messieurs 56 %
- la salle de la Forge et Tonnellerie 31 %

2 - Avez-vous vu l'exposition d'Art Sacré à

- Baume : 12 %
- Poligny : 10,5 %
- St Claude : 3 %

3 - Avez-vous assisté à l'un des concerts donnés à Baume ?

Oui = 8 %

4 - Selon vous, l'ancienne abbaye de Baume est-elle un cadre approprié

Figure 3

1er passage activités culturelles résumé

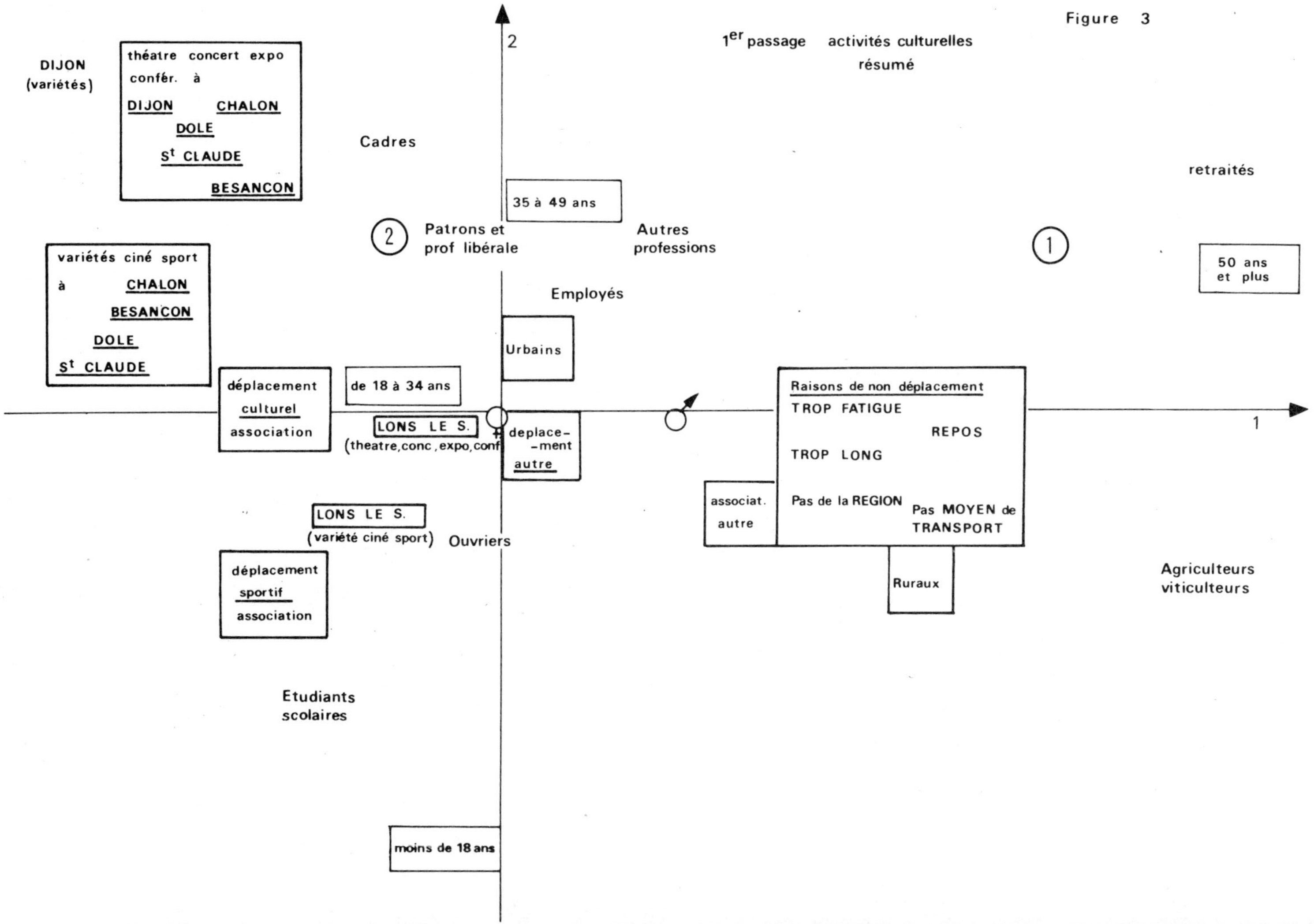

2
1
DIJON
(variétés)
théatre concert expo
confér. à
DIJON CHALON
DOLE
St CLAUDE
BESANCON
Cadres
35 à 49 ans
2
Patrons et
prof libérale
Autres
professions
retraités
1
50 ans
et plus
variétés ciné sport
à CHALON
BESANCON
DOLE
St CLAUDE
Employés
Urbains
déplacement
culturel
association
de 18 à 34 ans
LONS LE S.
(theatre,conc, expo,conf
deplace-
-ment
autre
Raisons de non déplacement
TROP FATIGUE
REPOS
TROP LONG
Pas de la REGION
Pas MOYEN de
TRANSPORT
associat.
autre
LONS LE S.
(variété ciné sport)
Ouvriers
déplacement
sportif
association
Ruraux
Agriculteurs
viticulteurs
Etudiants
scolaires
moins de 18 ans

pour des manifestations culturelles ?

	Théâtre	Concert	Folklore	Exposition	Son et lumière
Oui	54 %	43 %	43 %	43 %	70 %
Non	11 %	10 %	14 %	10 %	2 %
Ne sait pas	35 %	47 %	43 %	47 %	28 %

2) Les résultats de l'analyse factorielle

L'analyse des réponses a donné lieu à 3 passages successifs croisant l'identification avec :

- les déplacements,
- les aspirations culturelles,
- les opinions concernant l'abbaye et son aménagement.

a) Loisirs et mobilité

La figure n° 3 montre une césure très nette par rapport à l'axe vertical entre, à gauche, les individus qui se déplacent et, à l'extrême droite, très bien regroupés, ceux qui ne se déplacent pas. En règle générale, les ruraux (dont les agriculteurs), les plus de 50 ans sont très peu mobiles. Ce groupe apparaitra dans tous les graphiques comme marginal vis à vis du phénomène loisir, tout au moins sous la forme qui était présentée. Les motifs invoqués sont multiples sans qu'il soit facile de déterminer les plus importants.

Les types de déplacements semblent structurés selon deux facteurs, largement corrélatifs : la classe d'âge et la catégorie socio-professionnelle. Les plus jeunes, c'était assez prévisible, font des déplacements de faible ampleur, axés sur des activités surtout sportives. Ce sont les cadres, patrons et professions libérales qui correspondent de plus près à l'image de la clientèle d'un centre socio-culturel. Nous retrouvons là les enseignements des enquêtes précédentes. Enfin on remarquera que les femmes ont une mobilité et une propension (ou une possibilité) à la consommation de loisirs socio-culturels un peu plus grande que les hommes.

b) Les aspirations aux loisirs culturels

La figure n° 4 révèle tout d'abord la même image que la précédente analyse, dans une opposition entre deux groupes pour les motivations de loisir.

Les plus jeunes sont davantage attirés par les loisirs «actifs» alors que le reste de l'échantillon se regroupe sur les loisirs «sédentaires».

Figure 4

2ème passage motivation pour activités résumé

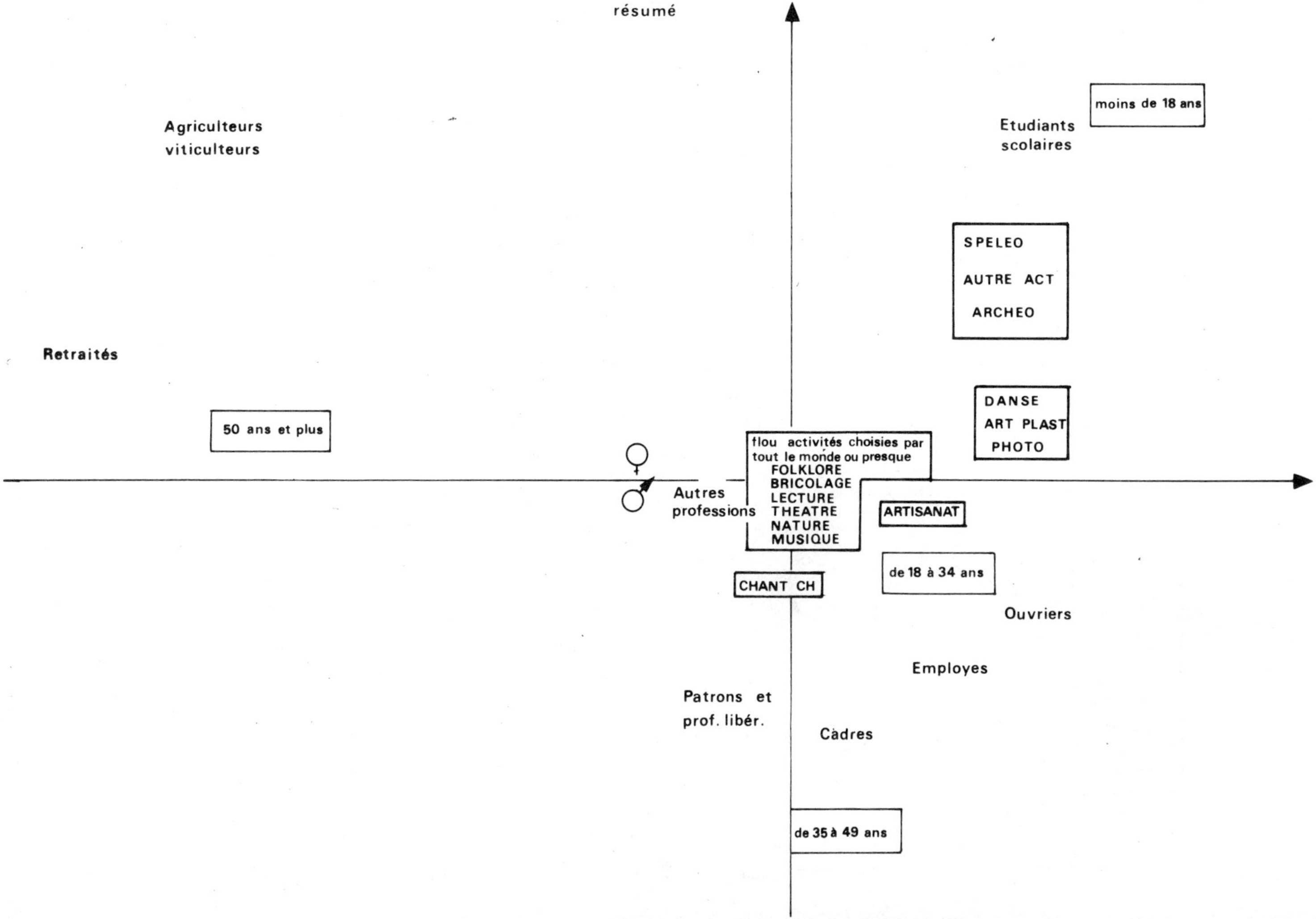

3eme passage Opinion culturelle sur Baume
résumé

Figure 5

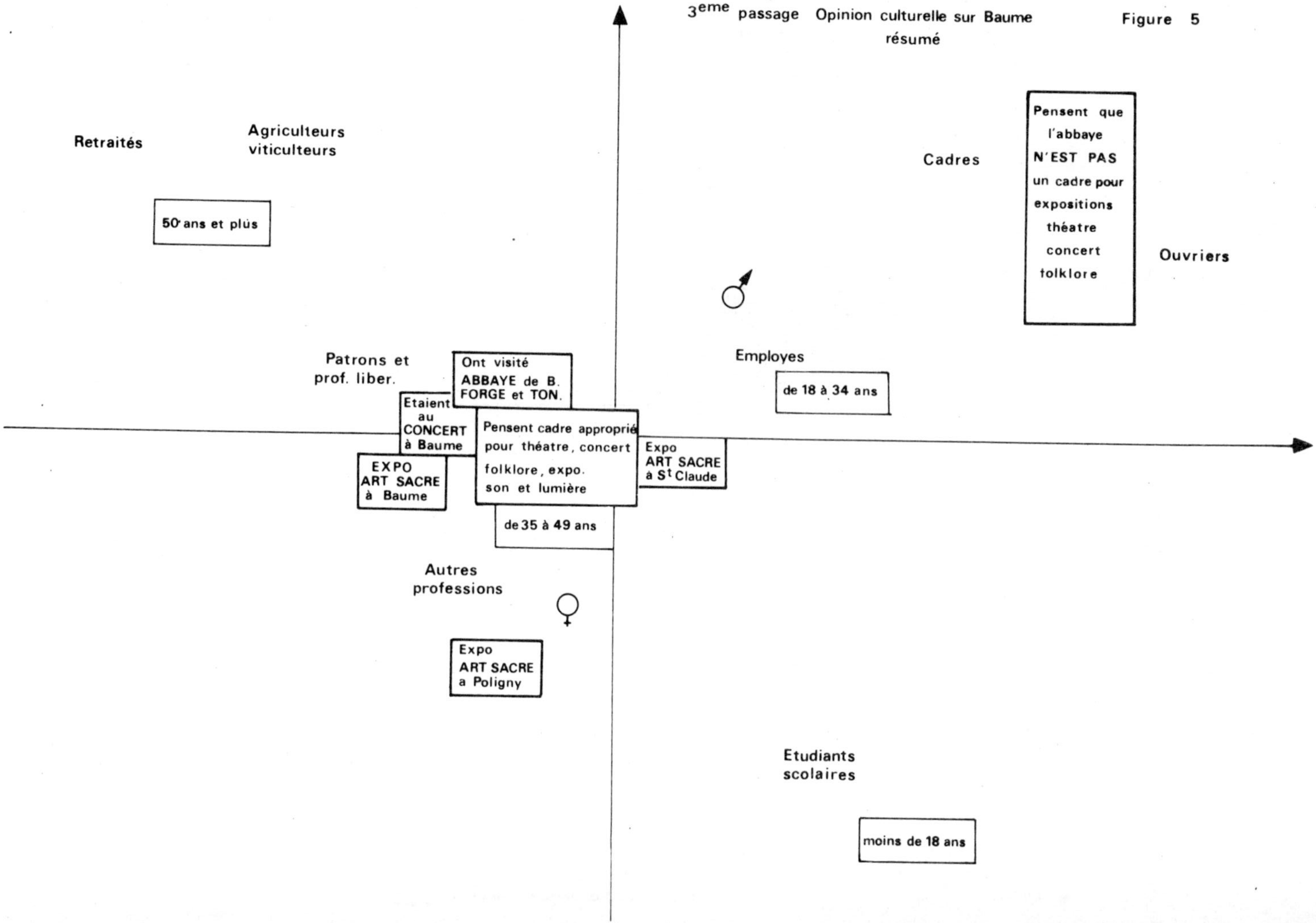

On peut noter cependant la faible différenciation des goûts pour les loisirs dans les différentes catégories socio-professionnelles : s'agirait-il davantage pour les gens de loisirs reçus en fonction des données socio-culturelles générales que de loisirs véritablement perçus en fonction de leurs aspirations ?

Les agriculteurs et les retraités ne semblent guère concernés par ces problèmes, phénomène assez surprenant en ce qui concerne surtout le second groupe.

c) les opinions sur Baume

La figure n° 5 fait apparaître deux groupes marginaux face à l'aménagement de l'abbaye : les agriculteurs et les gens âgés d'une part, les plus jeunes d'autre part, qui ne paraissent pas concernés par ce problème.

Les individus qui ont visité l'abbaye, assisté à des concerts ont, en majorité, entre 35 et 49 ans, sont des patrons ou des membres de professions libérales ainsi que des employés. D'une façon générale, ces personnes pensent que l'abbaye est un cadre approprié pour des manifestations socio-culturelles. Les réponses négatives émanent des cadres et des ouvriers, pour des raisons qu'il est difficile de préciser et qui sont éventuellement contradictoires.

Nous n'avons présenté ici qu'une analyse succincte des différentes enquêtes effectuées. Il est intéressant de constater l'idendité entre les désirs exprimés par les différentes catégories de personnes et leur traduction dans les faits. On retrouve en effet une structure très proche dans les résultats des enquêtes touchant les gens ayant visité l'abbaye (enquête faite à Baume) et ceux qui sont susceptibles de le faire. Ce trait traduit une assez forte identité de comportement et le caractère social très enraciné du loisir culturel.

L'image qui s'en dégage est très conventionnelle. Les désirs exprimés correspondent étroitement à la fonction du loisir dans le groupe. On ne peut raisonnablement en déduire que toute une couche de la population se désintéresse de ce type de loisir, mais plus simplement que le loisir socio-culturel tel qu'il existe et qu'il est perçu par les gens correspond autant à une certaine image sociale qu'aux aspirations de l'ensemble des catégories de la population.

NOTES SUR LE TOURISME ALLEMAND EN FRANCHE-COMTE ET ALSACE.

J. PRAICHEUX - Université de Besançon.

La place de la Franche-Comté sur un grand axe de migration estivale des Allemands vers le Sud de l'Europe pose le paradoxe d'une région parcourue par des flux touristiques importants mais ne bénéficiant que très faiblement de cette fonction de transit. L'ouverture de l'autoroute A 36 risque de modifier assez profondément la situation :

- en accélérant les migrations de passage : la Franche-Comté risque ainsi de se voir de plus en plus «traversée» par les vacanciers allemands et non plus «perçue», si l'itinéraire de départ en vacances n'est conçu que comme un déplacement qu'il faut abréger au maximum.
- en mettant, en distance-temps, l'Allemagne du Sud-Ouest, à proximité de la Franche-Comté pour les déplacements de week-end ou de brève durée en dehors de la période d'animation touristique estivale.

Le souci de mieux connaître une clientèle potentielle pour la Franche-Comté en particulier la région bisontine nous a conduit à réaliser 3 enquêtes : La première, réalisée à Fribourg avait pour but de dégager l'image que les touristes se faisaient de la France, et par référence, de la Franche-Comté. Cette enquête devait permettre de dégager les aspects attractifs du milieu comtois, et inversement de percevoir ses points faibles dans son rôle de région d'accueil touristique. La seconde enquête s'est attachée davantage à mettre en évidence les types de paysages, de loisirs, d'équipements que les Allemands souhaitaient trouver dans une région française lors de leurs déplacements, de week-end ou de brève durée. Cette enquête a été menée en Alsace qui est, pour la France, l'une des rares régions à être fréquentée assidûment par les touristes allemands. L'ouverture de l'autoroute A 36 risque d'ailleurs de mettre la Franche-Comté dans une situation proche de celle de l'Alsace par rapport à l'Allemagne du Sud-Ouest, en ce qui concerne du moins les fonctions de loisir.

La dernière enquête, enfin, a été menée à Besançon même auprès des touristes allemands au cours de leurs voyages de départ ou de retour de vacances. Son but est de dégager les véritables raisons de la faible fréquentation touristique de la région par la clientèle germanique : désintérêt ou structure de l'itinéraire ?

Ces enquêtes et les rapports d'enquête ont été effectués par des étudiants du Centre de Recherche Socio-Economique de la Faculté des Lettres et Sciences Humaines de Besançon dans le cadre de leur mémoire de dernière année.

L'IMAGE DE LA FRANCHE-COMTE POUR LES TOURISTES DE FRIBOURG

L'enquête envisagée au départ devait se dérouler dans un cadre géographique plus large et sur une population plus diversifiée. Elle s'adressait à la clientèle des agences de voyages et de tourisme des régions de Fribourg et Francfort. Les difficultés de diffusion des enquêtes ont amené son champ à se restreindre à la ville de Fribourg, sur un type de clientèle d'accès relativement aisé : les fonctionnaires et employés municipaux. Un total de 360 questionnaires a été réalisé ce qui donne une idée assez précise des réactions de cette population qui représente nous en sommes conscients, un aspect bien particulier de l'ensemble de la clientèle touristique de cette ville. Quelques enquêtes parallèles ont permis d'élargir l'échantillon sans lui donner pour autant les caractères représentatifs de la population de la ville.

1) LES CARACTERES DE L'ECHANTILLON

a) La composition par âge

La composition par sexe de l'échantillon est déséquilibrée puisque parmi les personnes interrogées se trouvent 65,3 % d'hommes et 34,7 % de femmes. L'âge de la majorité des femmes se situe entre 19 et 25 ans, celui des hommes entre 26 et 40 ans.

tranches d'âge	%
moins de 18 ans	2,7
19 à 25 ans	28,9
26 à 40 ans	35,9
41 à 55 ans	24,7
plus de 56 ans	7,8

L'échantillon est ici décalé vers le centre des tranches d'âges, puisque les personnes interrogées étaient essentiellement des personnes actives.

b) Caractères socio-professionnels :

Professions	%
Professions libérales	2,3
Fonctionnaires/employés dirigeants	15,6
Fonctionnaires/employés	76,5
Ouvriers	0,3
Agriculteurs	0,7
Autres	4,6

L'échantillon est ici complètement dévié au profit des fonctionnaires qui représentent les 9/10e des personnes intérrogées.

2) LES DEPLACEMENTS DE VACANCES

La France est le pays le plus visité, juste avant l'Autriche et l'Italie. Cette fréquence des visites en France peut s'expliquer par la proximité immédiate de Fribourg. Peut-être aussi par une question mal interprétée qui fait de la France un pays traversé mais pas forcément un but ultime de séjour.

Sur les 360 personnes interrogées, 327 ont fait un séjour en France à une date quelconque.

a) La fréquence des voyages

Nombre de voyages dans l'année	%
Aucun voyage	5,0
Un voyage	32,8
Deux ou plusieurs voyages	62,8

Près des deux tiers des personnes interrogées ont fait au moins deux voyages à but de loisir au cours de l'année. C'est un chiffre bien supérieur à la moyenne nationale qui tient sans doute au caractère de l'échantillon. Les voyages multiples se situent surtout dans la branche d'âge 26 à 40 ans.

b) Le mode de placement

Véhicule	%
Automobile	77,7
Train	14
Autocar	11,7

L'automobile est de loin le véhicule le plus utilisé, surtout par les personnes de 26 à 40 ans. Les plus jeunes semblent avoir des préférences moins marquées.

c) Les périodes de déplacements

Saison	Départ %
Printemps	32,4
Eté	64,4
Automne	28,5
Hiver	12,8

Les déplacements sont très étalés sur l'année. Seul l'hiver paraît nettement en retrait. Il est très possible que l'été corresponde aux plus longs déplacements. Les jeunes de 19 à 25 ans marquent une préférence, ou du moins une indifférence pour les voyages effectués plus tôt dans la saison. Le tableau indique en tout cas une forte mobilité et l'existence, en dehors de la saison estivale, d'une importante clientèle potentielle pour les déplacements de brève durée.

d) Les modes d'hébergement (pour un court séjour)

Mode d'hébergement	%
Camping	18,7
Hotel	61,3
Auberge de jeunesse	6,2
Connaissance	15,2
Location	5,0

L'hôtel apparaît ici comme le mode d'hébergement ayant la faveur de près des deux tiers des personnes interrogées. C'est une proportion sans rapport avec celle qui est donnée pour les types d'hébergement de vacance des Allemands. Outre les caractères de l'échantillon, c'est ici la brève durée du séjour (explicite dans la question posée) qui conditionne cette profonde transformation.

e) Manière de voyager

Composition du groupe	%
seul	11,1
couple	33,2
couple et enfants	32,1
Amis	29,4
Groupe (voyage organisé)	12,2

La manière de voyager est essentiellement liée à l'âge. Jusqu'à 25 ans, l'Allemand voyage plutôt seul ou avec des amis. De 26 à 40 ans, c'est le voyage en famille qui domine. Les voyages en groupe se situent surtout pour les tranches d'âge au-dessus de 40 ans.

3) L'IMAGE DE LA FRANCE ET DE LA FRANCHE-COMTE

Les différentes régions françaises ne connaissent pas la même fréquentation de la part des touristes de notre échantillon : les 2 critères déterminants de visite sont l'attrait touristique pur mais aussi la proximité alliée à une certaine communauté culturelle.

Régions visitées	%
Alsace	66,0
Méditerranée	37,8
Paris	36,2
Franche-Comté	34,3
Autres régions	35,1

Ce tableau appelle quelques remarques : les 2/3 des personnes interrogées ont visité l'Alsace. C'est logique étant donné la proximité immédiate de cette région. La Franche-Comté apparaît bien placée mais l'importance de la fréquentation laisse planer un doute : n'y aurait-il pas une certaine confusion dans la compréhension de la question, l'idée de visite se confondant avec celle de passage ?

a) Avantages touristiques comparés de la France et de la Franche-Comté

Avantages	France %	Franche-Comté %
Repas, gastronomie	54,2	49,8
Paysages, nature	51,9	55,5
Art de vivre	44,9	38,5
Villes/Musées/Monument,	37,1	2,0
Mer et plage ou plan d'eau	34,7	19,2
Accueil de la population	27,3	46,4
Dépaysement	21,2	7,5
Climat	14,4	0
Conditions de circulation	13,2	12,4

On peut constater que les principaux attraits de la France touristique se retrouvent dans les opinions émises sur la Franche-Comté. Les légères différences que l'on peut noter donnent néanmoins à cette province une coloration un peu particulière.

- la gastronomie, très appréciée en Franche-Comté semble participer un peu moins à son image de marque qu'à celle de l'espace français. Ce léger handicap est compensé par l'attrait que représente son milieu naturel : la Franche-Comté apparaît donc comme une région aux équipements un peu moins sophistiqués que celui d'autres régions mais offrant une qualité d'espace naturel supérieur à la moyenne qui paraît être son principal attout :

- l'attrait des rivages français est partiellement compensé pour la Franche-Comté par l'existence de plans d'eau, apparemment très appréciés par les touristes.

- l'accueil de la population rencontre une adhésion beaucoup plus forte en Franche-Comté qu'en France. Peut-être faut-il y voir la conséquence d'un tourisme plus familial, au niveau de l'accueil, qui rend le contact plus facile entre la population autochtone et estivante.

- le dépaysement est relativement faible, ce qui semble bien normal : ce caractère peut se transformer en avantage dans la mesure où la Franche-Comté entrerait dans un espace de villégiature de week-end ou de courte durée pour les Allemands du Sud-Ouest, ayant en ceci une partie des atouts de l'Alsace.

- enfin la Franche-Comté ne présente pour les touristes aucun attrait artistique. Si elle ne peut, sur ce point, rivaliser avec d'autres régions françaises, il semble que les curiosités architecturales ou artistiques comtoises soient mésestimées ... ou inconnues.

b) Inconvénients touristiques comparés pour la France et la Franche-Comté

Inconvénients	France %	Franche-Comté %
Prix	42,1	20,3
Difficultés de compréhension	25	15,8
Qualité de l'hotellerie	22,2	22,6
Accueil de la population	9,3	-
Conditions de circulation	-	23,7
Climat	-	11,3

Paradoxalement, ce tableau montre que la Franche-Comté bénéficie d'un certain nombre d'avantages : des prix plus abordables (ce qui correspond aux remarques faites dans le paragraphe précédent), une compréhension plus facile (l'allemand est davantage enseigné, sinon pratiqué, en Franche-Comté que dans la majorité des régions françaises).

La qualité de l'hôtellerie laisse à désirer aussi bien en France qu'en Franche-Comté. Par contre le problème de la circulation apparaît ici très important : encore faut-il souligner qu'une grande partie de ces problèmes touche autant au transit qu'aux déplacements à l'intérieur même de la région.

Les deux principaux handicaps, du moins ceux auxquels il serait le moins difficile de porter remède, de la Franche-Comté face au tourisme allemand, résident dans les prix et la qualité de l'hôtellerie : les principaux reproches portent sur la vétusté des installations, une hygiène parfois douteuse, un un service défaillant. En bref, ils ont l'impression de surpayer un service dont la qualité laisse parfois à désirer. Certaines adaptations paraitraient également souhaitables : entre autresla pension complète correspond assez mal à leur genre de vie.

c) Utilisation éventuelle de l'autoroute A 36 pour visiter la Franche-Comté

Réponses	%
Oui	48,8
Non	26,1
Peut-être	6,6
Non réponse	18,3

La création de l'autoroute apparaît comme un facteur favorable à un développement touristique de la Franche-Comté du moins en ce qui concerne les week-ends, et les déplacements, de courte durée. Pour les vacances d'été, cette autoroute risque de faciliter le transit et faire perdre à la Franche-Comté les modestes bénéfices qu'elle tirait de cette fonction de passage.
La Franche-Comté paraît assez bien placée pour jouer un rôle dans le tourisme de courte durée des Allemands du Sud-Ouest. Elle possède un certain nombre d'avantages qu'elle doit mettre en valeur : en particulier un patrimoine naturel (paysages, plans d'eau) auxquels, nous le verrons, les Allemands sont très sensibles. L'équipement de ce patrimoine est-il suffisant, et n'y aurait-il pas intérêt à le rendre plus accessible, plus attractif sans en altérer la qualité ? Le milieu humain, les richesses historiques et artistiques semblent totalement ignorées des étrangers et une meilleure information ne pourrait qu'améliorer l'image de marque franc-comtoise. Certains inconvénients, enfin, devraient être atténués, portant à la fois sur le niveau et la clarté des prix, sur la qualité de l'équipement et de l'accueil par les professionnels, qui n'est pas forcément incompatible avec l'image de marque «rustique» et «agraire» dont bénéficie la Comté.

ASPECTS DU TOURISME ALLEMAND EN ALSACE

Ce travail a pour objet l'étude des motivations qui amènent la clientèle allemande à fréquenter la région alsacienne à des fins de loisirs, lors de déplacements de courte durée. Elle apparaît donc complémentaire de la précédente enquête sur les touristes allemands, permettant ainsi de mieux cerner une clientèle allemande potentielle susceptible d'être attirée par la Franche-Comté, plus spécialement dans le cadre de l'ouverture de l'autoroute A 36. Celle-ci devrait mettre la Franche-Comté à proximité de l'Allemagne du Sud-Ouest en distance temps et s'intégrer à l'aire de loisirs proche d'un certain nombre de villes allemandes. La note qui est présentée ici est le résultat d'enquêtes menées de janvier à mai 1973 dans un certain nombre d'hôtels et de restaurants alsaciens. La population touchée par l'enquête n'est donc pas un échantillon représentatif de la totalité de la clientèle potentielle mais la période choisie, offre cependant l'avantage d'isoler pratiquement les séjours de brève durée correspondant assez bien aux déplacements que justifierait l'attraction, hors des vacances d'été, de la région comtoise. Les hôtels et restaurants ont été choisis selon un échantillon représentatif de tous les degrés de confort et de prix offerts. Les 55 établissements ont de même été sélectionnés dans des villes, dont la taille et la localisation couvraient au mieux les différents types de milieux naturels alsaciens : le Ried, la plaine le long de l'axe routier majeur, les collines sous-vosgiennes, ainsi que les principaux cols vosgiens. Pour différencier et élgargir l'échantillon, la clientèle de 3 auberges de jeunesse a également été enquêtée.
Au total 242 questionnaires exploitables nous sont parvenus, ce qui semblait honorable étant donné les difficultés qui ont pu être rencontrées dans la diffusion des questionnaires pour certains établissements.

1) LES CARACTERES DE L'ECHANTILLON.

a) Les tranches d'âge

Moins de 20 ans	7,9%
de 20 à 30 ans	35 1%
de 40 à 50 ans	43,4%
plus de 50 ans	13,6%

L'échantillon se caractérise par la faible proportion de jeunes (moins de 20 ans) et de personnes âgées.

b) Composition socio-professionnelle

Indépendant	24,8%
Cadre	43,2%
Employé-ouvrier	16,1%
Sans profession	15,9%

La composition socio-professionnelle est marquée par la faiblesse des catégories les plus défavorisées : c'est un résultat logique pour 2 raisons principales :

- le type d'hébergement où s'est déroulé l'enquête, mais existe-t-il à cette époque de l'année d'autres modes d'hébergement susceptibles d'accueillir une importante clientèle pour de brefs séjours ?

- la période de l'année choisie, dans la mesure où les plus défavorisés sont ceux qui partent le moins, mais surtout le moins souvent, donc fort peu en dehors des périodes de vacances estivales.

Au total la clientèle apparaît marquée par 2 caractères généraux : c'est une population d'adultes, à niveau de vie relativement élevé.

2) - LE VOYAGE ET LE SEJOUR

a) La longueur du voyage

Nbre de kms parcourus	en Allemagne	en France
0 - 100	56	172
100 - 200	24	20
200 - 300	54	9
300 - 400	27	-
400 - 500	24	-
+ de 500	17	-

Les Allemands semblent avoir 2 types de localisation :

- la région proche : 28 % d'entre eux habitent à moins de 100 km de la frontière;

- une région plus éloignée : 52 % habitent dans des régions éloignées de 200 à 500 km. Ce dernier chiffre montre l'existence d'une limite très nette. Il n'en demeure pas moins que plus de la moitié des Allemands ont leur domicile situé à plus de 200 km de la frontière franco-allemande. La clientèle, hors saison et pour de brefs séjours en Alsace, ne se compose donc pas en majorité, tant s'en faut, de personnes dont le domicile est proche.

Il est frappant de mettre en parallèle les déplacements relativement longs effectués par ces personnes en Allemagne et leur faible ampleur à partir du moment où la frontière est franchie puisque 82 % d'entre eux ne parcourent en France que des distances inférieures à 100 km, et pour la majorité inférieures à 50 km. Les explications peuvent être multiples : répugnance à prolonger un trajet effectué en Allemagne sur autoroute, attirance particulière pour l'Alsace qui dissuade de prolonger le voyage...
Il ne semble pas en tout cas que la faible diffusion de ces touristes en France soit due à la longueur du trajet, puisque la plupart d'entre eux ont déjà effectué plusieurs centaines de kilomètres en Allemagne.
L'attitude des touristes est d'ailleurs homogène puisque le voyage et ses caractéristiques ne varient ni avec l'âge, ni avec la composition socio-professionnelle.

b) les moyens de locomotion

Automobile	82,4%
Autobus	5,4%
Train	10,3%
Autre	1,9%

L'automobile est de très loin le mode de déplacement le plus utilisé. Ce trait montre la faiblesse des voyages organisés pour une aussi brève durée à cette période de l'année. Les décisions de déplacement semblent prises individuellement en dehors de tout effort de publicité structuré comme le montreront les questions suivantes

c) La durée du séjour

1 jour	43,5%
2 ou 3 jours	33,9%
Plus de 3 jours	22,6%

L'essentiel des séjours est très bref et correspond, dans la très grande majorité, à un week-end, éventuellement prolongé. Cette durée très brève risque d'être une entrave à la prolongation du déplacement sur le territoire français et à la visite d'autres régions plus éloignées que l'Alsace

3) LES MOTIVATIONS DU SEJOUR

a) La connaissance du milieu

Radio-télévision	0,8%
Agence de voyages	2,1%

Journaux-revues	4,1%
Relations	28,1%
Hasard	21,1%
Autres	39,3%
Non réponse	4,5%

La connaissance de l'Alsace ne passe pas, pour les Allemands par les mass-média traditionnels. La proximité comme une certaine identité culturelle en font un pays normalement perçu dans l'espace de loisir allemand.

b) Les raisons du voyage

Gastronomie	45%
Raisons culturelles	39,7%
Paysage	38,9%
Activités sportives	24%
Langue	15,7%
Folklore	1,7%
Autres	11,2%

Une partie de l'échantillon n'a pas été pris en compte; 19% des personnes interrogées étaient en Alsace pour voyage d'affaires. Un certain nombre de raisons avancées ne paraissent pas tenir à des avantages spécifiques de l'Alsace : la gastronomie, les paysages restent des déterminants majeurs. La notion de culture devient très difficile à définir avec précision et ne nous apporte guère d'information. La communauté de langue ne semble pas fondamentale si l'on se réfère à la note précédente : il est possible toutefois que cette facilité de compréhension ait été assimilée par certaines personnes aux raisons culturelles. Seules les activités sportives trouvent ici une place importante, qu'elles n'avaient pas dans d'autres régions françaises. Le manque de détail empêche d'aller très loin dans l'explication : on peut raisonnablement supposer, et les commentaires spontanés de certaines questions vont dans ce sens, que l'aménagement du milieu rural joue un grand rôle ; les activités sportives sont largement assimilées aux possibilités de parcours et d'utilisation du milieu naturel.

c) L'éventualité d'un séjour hors d'Alsace

A cette question, 64,6% des personnes ont répondu positivement. Les 35,4% restant ont invoqué deux inconvénients majeurs : l'éloignement (69,8%) et le manque de temps (30,2%). Si ce dernier argument semble valable, eu égard à la faible durée de l'ensemble du séjour, l'argument «éloignement» paraît surprenant. La corrélation entre le nombre de kilomètres parcourus en Allemagne et les personnes qui ont fait état d'un trop grand éloignement des autres régions françaises est significative à cet égard.

Nombre de km parcourus en Allemagne	Ne vont pas plus loin à cause de l'éloignement
0 - 150	15,8%
150 - 300	44,6%
300 - 450	26,4%
450 - 600	13,2%

Les personnes proches de la frontière ressentent, et c'est normal, assez peu le kilométrage parcouru. Celui-ci semble le plus déterminant pour les personnes ayant déjà parcouru de 150 à 300 km et, un peu moins, 300 à 450 km.

La Franche-Comté n'est en fait éloignée de guère plus de 100 km des lieux de séjours qu'ont choisi ces personnes. On peut donc supposer qu'une autoroute en France, évitant les ruptures de trajet serait susceptible d'attirer plus loin vers le Sud une partie de cette clientèle. Les avantages spécifiques de l'Alsace, hormis la perte de situation, semblent assez faibles ou du moins susceptibles d'être mis en valeur dans d'autres régions, à condition qu'ils soient mis facilement à la portée des touristes : c'est le cas, en particulier de l'aménagement du milieu naturel à des fins de loisirs, qui pourrait participer à la création d'une image de marque franc-comtoise dans la clientèle allemande.

Une question ouverte demandant aux touristes ce qui leur plaisait en Alsace davantage que dans d'autres régions françaises le confirme

Raisons invoquées			
Originalité du paysage	17,3%	Langue	10,2%
Gastronomie	12,7%	Hospitalité - propreté	10,2%
Proximité	12,7%	Culture	5,7%
Aucune préférence parmi les régions françaises	12,7%	Calme-détente	3,2%
Ne connaît aucune autre région	10,8%		

LE TOURISME DE PASSAGE : LES ALLEMANDS A BESANCON

Besançon est située sur l'un des grands axes de migration estivale qui conduit une part importante des populations du Nord de l'Europe vers les rivages méditerranéens de France et surtout d'Europe.

Parmi les ressortissants des différents pays qui empruntent cette route, les Allemands sont de très loin les plus nombreux. La Nationale 73 depuis l'Alsace jusqu'à l'autoroute A 6 draine la majeure partie de ce flux et forme trait d'union entre les autoroutes allemandes et celle de l'axe Paris - Méditerranée.

Si la composition des clientèles estivales sont assez bien connues, il n'en est pas de même pour leurs déplacements. Ces aires de demande touristique (les villes surtout) et d'offre (les stations) sont connues, localisées, leurs influences respectives mesurées - L'espace de déplacement qui les sépare est lui beaucoup moins bien cerné; son exploitation est «sauvage» faute d'une connaissance suffisante des rythmes et des habitudes de déplacement des vacanciers : «... la localisation des étapes, en raison de la diversité, des aires de départ, des motivations, des moyens de locomotion utilisés..., n'est absolument pas «déterminée».

Nous avons donc tenté, en éliminant (partiellement) 2 inconnues, de voir si les déplacements d'une population donnée (les Allemands), utilisant un mode de transport unique (l'automobile) et suivant un axe sélectionné (la N 73) se déterminent d'une manière aléatoire ou obéissent au contraire à certains rythmes liés au lieu de départ, à la distance, à la composition du groupe ou au point d'étape.

1 - L'ENQUETE

Elle s'est déroulée sur les principaux axes de déplacement des vacanciers allemands : la N 73 (Belfort - Besançon - Dole - A6) et la N 83 (Besançon - Lons-le-Saunier). Le lieu d'enquête a été pratiquement imposé par les buts que nous poursuivions : capter une clientèle aussi représentative que possible de l'ensemble d'une population.Le questionnaire a été proposé dans des stations-services où la nécessité de l'arrêt s'impose à tous les groupes de la même manière. La longueur du questionnaire devait être adaptée à la durée moyenne de l'arrêt (quelques minutes, le temps d'un plein d'essence) pour des raisons évidentes. Il est donc court, composé de huit questions fermées ou n'appelant que des réponses précises en dehors des caractères d'identification pouvant être remplis par l'enquêteur immédiatement (origine du véhicule, heure, date etc...) Près de 800 questionnaires ont été remplis, touchant les touristes allemands qui partaient en vacances (494) ou qui en revenaient (303).

Faute de connaître les rythmes de passage des touristes les heures d'interview ont été réparties à peu près sur l'ensemble de la journée de 8 heures à 22 heures.

Répartition (en %) des heures d'interview	
8h - 9h 45 = 9 %	18h - 19h 45 = 17 %
10 - 11h 45 = 15 %	20 - 21h = 15 %
12 - 13h 45 = 17 %	22 - 24 = 3 %
14 - 15h 45 = 14 %	
16 - 17h 45 = 10 %	

L'exploitation des questionnaires a fait l'objet d'un traitement manuel pour certaines questions (origine, destination) d'un traitement en ordinateur (analyse factorielle des correspondances) pour les questions fermées. Cette méthode devrait également permettre de dégager des types de touristes, ce qui avait été bien difficile manuellement.

2) - LA STRUCTURE DE L'ECHANTILLON

1) Origine, destination et déplacement

Deux länder dominent assez largement le flux de touristes de passage à Besançon : Le Nord-Rhenanie-Westphalie et le Bade-Wurtemberg ; c'est un phénomène logique qui rend compte à la fois du poids démographique et de la proximité

Land d'origine	Nombre de touristes (en %)
Nord Rhenanie-Westphalie	25 %
Bade - Wurtemberg	20 %
Bavière	10 %
Hambourg - Schleswig - Holstein	10 %
Hesse	9 %
Rhenanie - Palatinat	9 %
Basse - Saxe	8 %
Berlin	5 %
Breme	2 %

Le lieu de vacances fait apparaître très clairement la spécialisation de l'itinéraire : L'Espagne domine d'une manière écrasante, l'Italie totalement absente.

lieu de vacances	Nombre de touristes (%)
Espagne	41 %
Midi-Pyrénées	32 %
Atlantique	5 %
Massif Central	4 %
Alpes	4 %
Autres	13 %

Le poids du lieu de vacances varie cependant selon le land d'origine : 30 % des touristes originaires de Bavière se rendent en Espagne, contre 36 % pour le Bade-Würtemberg et 51 % pour la Rhenanie-Westphalie.

Le but du voyage est dans l'ensemble clairement défini et la grande majorité des vacanciers se dirige vers un lieu précis (75 % environ, contre 25 % qui effectueront un circuit).

Nous l'avons vu dans le paragraphe précédent, les interviews sont grossièrement réparties sur l'ensemble de la journée. Les heures de départ sont, elles, beaucoup plus groupées dans le temps puisque 69 % d'entre elles se situent entre 6 heures et 10 heures, 20 % entre 0 heures et 6 heures.

Les raisons de l'arrêt à la fin de la journée opposent une majorité de personnes qui s'arrêtent à une heure déterminée (65 %) à ceux qui ne consentent à stopper que sous l'empire de la fatigue (35 %).

Si l'itinéraire est connu d'avance, l'hébergement l'est beaucoup moins (25 % des personnes l'ont prévu à l'aide d'un guide qui semble le support le plus efficace). Le hasard de l'heure ou de l'épuisement préside le plus souvent au choix de l'étape (52 %).

Paradoxalement le chemin suivi si strictement à l'aller n'est pas toujours emprunté au retour même pour les gens dont les vacances se passent en un point libre; 60 % des personnes interrogées déclarent prendre le même chemin au retour de vacances et la moitié d'entre eux pense utiliser les mêmes hébergements qu'à l'aller.

2) - LES CARACTERISTIQUES DU GROUPE

a) La composition par âge

Age	Nombre de personnes (%)
- de 20 ans	4
20 - 30 ans	35
30 - 50 ans	49
+ de 50 ans	12

Nous avons affaire dans l'ensemble à une population assez jeune et d'âge mûr. La très faible proportion de moins de 20 ans s'explique par le fait que seul l'âge du conducteur a été retenu.

Dans la majeure partie des cas le groupe est constitué par la famille (68 %). Les groupes composés d'amis (32 %) sont surtout le fait des plus jeunes.

b) La composition socio-professionnelle

Professions	Nombre de personnes (en %)
Indépendants	12 %
Cadres supérieurs	8 %
Cadres moyens	22 %
Employés	22 %
Ouvriers	15 %
Sans profession	20 %

c) les types d'hébergements lors du voyage

Types d'hébergements	Nombre de personnes (%)
Tente	40
Caravane	25
Hotel	28
Particulier	2
Autres	5

On est surpris par la très forte proportion de personnes utilisant la tente ou la caravane (65 %) comme hébergement de déplacement, d'autant que l'on peut supposer qu'ils l'utiliseront comme hébergement de séjour. L'hôtel n'est utilisé que par 28 % des vacanciers, et encore pouvons-nous constater que ce ne sont pas forcément les plus aisés.

d) La durée des vacances

Durée	Nombre de personnes (%)
1 semaine	5
2	12
3	43
4 et plus	40

La durée des vacances est assez longue ce qui s'explique assez aisément : le voyage à l'étranger représente sans doute le plus long déplacement des vacances annuelles, ce qui justifie l'ampleur du voyage.

3) - LES COMPORTEMENTS

L'exploitation manuelle de 800 questionnaires, le croisement des informations obtenues nécessitant un travail considérable, il a paru plus économique de recourir à l'analyse factorielle qui permettait de mettre en évidence des parentés de caractère et souligner les points, essentiels.

Deux groupes se détachent assez clairement et frappent par leur assez grande unité de comportement. Ils sont structurés essentiellement par les classes d'âges et les situations socio-professionnelles.

A) *Le 1er groupe* est constitué par les personnes *jeunes*, entre 20 et 30 ans, la plupart du temps, ouvriers, employés ou sans profession. Le caractère frappant est la très *grande rigidité de leur itinéraire*, puisqu'ils utilisent en majorité la même route à l'aller et au retour des vacances. L'espace qui les sépare du point de villégiature apparaît dans ce groupe comme une *entrave* aux vacances qu'il faut éluder au plus vite. On peut constater que leur lieu d'arrêt est guidé par leur état de fatigue, qu'il n'est donc pas programmé d'avance. Les déplacements de vacances seront limités à l'aller-retour, puisqu'ils se rendent en majorité dans un lieu précis et ne pensent que rarement effectuer des circuits. Cette attitude peut se justifier en partie par des vacances relativement courtes (de 2 à 3 semaines) et une sensibilité assez grande aux problèmes financiers : ils se traduisent d'une part par un type d'hébergement caractéristique, la tente, et par les problèmes que leur pose en France le coût de l'autoroute à péage.

Pour les régions traversées par un axe de transit, ce groupe ne présente qu'un intérêt mineur dans la mesure où il semble très difficile de le faire sortir de son itinéraire prévu, considéré davantage comme un total kilométrique que comme un ensemble de régions présentant une originalité. Son apport économique est très réduit par suite de ses caractères fondamentaux, la sensibilité à une publicité quelconque douteuse.

B) Le second groupe est constitué par des gens *plus âgés* appartenant à des catégories socio-professionnelles plus *favorisées*, professions libérales, cadres moyens ou supérieurs.

Contrairement au groupe précédent celui-ci se caractérise par des déplacements plus souples et paradoxalement mieux préparés. Le circuit est assez souvent préféré au séjour fixe, l'itinéraire de retour se différencie du chemin de départ en vacances. Mieux préparé, le rôle du guide pour sélectionner les étapes devient ici très important. Fait curieux le type d'hébergement le plus caractéristique est la caravane et non l'hôtel. La durée des vacances est nettement plus longue et s'établit à 4 semaines ou plus.

Il semble bien que ce soit dans ce groupe que les régions placées entre les points d'émissions de touristes et les zones d'accueil puissent trouver une clientèle à distraire des itinéraires traditionnels et à inciter à un détour, même bref, sur leur territoire. Cette impression se justifie par la souplesse de leur itinéraire, le goût du circuit touristique, la durée des vacances, leur relative sensibilité à une campagne de promotion.

Un seul facteur important, l'hébergement en hôtel, ne semble caractéristique d'aucun groupe homogène. On le retrouve aussi bien chez les employés que chez les cadres supérieurs, dans des catégories différentes sans doute. Plusieurs explications peuvent être avancées : les personnes les moins aisées ont les vacances les plus brèves, les déplacements les plus rapides, donc les plus fatigants; ils peuvent maximiser les premières par un arrêt à l'hôtel dont le coût n'apparaît pas discriminant s'il reste exceptionnel.

L'étude d'un groupe de touristes en transit sur un axe de vacances a permis de mettre en évidence un certain nombre de points : outre la composition interne du groupe, elle a surtout dégagé des identités, des types de comportement assez tranchés. L'affinement de ce système d'étude devrait permettre de dégager les caractères d'ensemble d'une clientèle pour qui la route des vacances n'est pas qu'un pensum à éliminer le plus rapidement possible mais la possibilité d'une découverte de régions se trouvant sur leur passage.

FACULTÉ DES LETTRES ET SCIENCES HUMAINES
32, Rue Mégevand
25030 BESANÇON CEDEX

3e trimestre - SEPTEMBRE 1979 -
IMPRIMEUR - 183